U0198514

HOW TO

躲开河马的犬牙

IN THE OUT DOORS

敬告读者

作者在书中描述的多种逃生方式仅是作者本人的理论与实践经验总结，并不能代表科学专业。请读者遇到类似情境时多加斟酌，具体问题具体分析。对于因借鉴书中提及方法而造成的任何伤害，本社概不负责。

躲开河马的犬牙

[美] 巴克·蒂尔顿 编著　李 艳 周立国 译

辽宁科学技术出版社

·沈阳·

©2024辽宁科学技术出版社。
著作权合同登记号：第06-2020-68号。

图书在版编目（CIP）数据

躲开河马的犬牙 ／（美）巴克·蒂尔顿编著 ； 李艳，周立国译. — 沈阳 ：辽宁科学技术出版社，2024.1
ISBN 978-7-5591-2998-7

Ⅰ．①躲… Ⅱ．①巴… ②李… ③周… Ⅲ．①安全科学－普及读物 Ⅳ．①X9-49

中国国家版本馆CIP数据核字(2023)第079234号

出版发行：辽宁科学技术出版社
　　　　　（地址：沈阳市和平区十一纬路25号　邮编：110003）
印　刷　者：辽宁新华印务有限公司
经　销　者：各地新华书店
幅面尺寸：130mm×210mm
印　　张：10.25
字　　数：200千字
出版时间：2024年1月第1版
印刷时间：2024年1月第1次印刷
责任编辑：闻　通
插图绘制：罗伯特·L.普林斯（Robert L.Prince）
版式设计：何　萍
责任校对：韩欣桐

书　　号：ISBN 978-7-5591-2998-7
定　　价：78.00元

编辑电话：024-23284372
邮购热线：024-23284502
E-mail：605807453@qq.com

CONTENTS
目录

前 言

理论上说，任何人都可能死于心脏病。在现实世界中的美国，每一年都有很多人命丧于此。而这个过程比较耗时，但非常简单。人们要做的就是每餐都吃很多高脂肪食物，从不锻炼，吸烟、酗酒（很少喝水），焦虑，一点点地把生活过得糟糕透顶。就这样过了一段时间，你会感到胸痛和呼吸急促，那颗已经衰老的心脏随时可能罢工。于是，油尽灯枯的你很可能突然倒在客厅的地板上、浴缸里，或者一头扎进满满一盘的土豆泥中，无法自拔。这种死亡方式真的是既无聊又无意义。2016年，美国50个州登记死亡的人数约为260万。以下是美国人民和其他发达国家人民在过去10年中10类主要的死亡原因。

· 心脏病　　　　　· 气管、支气管及肺癌　　　· 糖尿病
· 卒中　　　　　　· 艾滋病　　　　　　　　　· 车祸
· 慢性阻塞性肺疾病　· 腹泻病　　　　　　　　　· 高血压
· 下呼吸道疾病

如果你像绝大多数人一样过着平淡无奇的生活，大部分时间宅在家中，把闲暇时光花在对健康基本无益的活动上，那么你很有可能会以上面提到的10类死亡原因的其中一种了却一生。相较于家中，如果你来到户外，走进自然，与大千世界融为一体，你很有可能邂逅许多独特的可能危及人类生存的事物，比如美洲狮的利爪、犀牛的巨角、河马的犬牙，还比如舌蝇的围攻、曼陀罗的浆果以及诡异的兔热病等。

本书不单单描述了或多或少基于事实的各种危险的细节，更详细分析了遭遇危及生命事件时自我救助的具体方法。笔者煞费苦心，通过诙谐的表现手法，旨在勾起大家对于生命的敬畏，进而热爱生活，享受生活。

献给那些真正让我想继续生活下去的人，

我的家人：凯特·安布尔，麦肯齐·扎卡里和波

HOW TO DIE IN THE OUT-DOORS

第 **1** 部分

致命的
爬行动物

在爬行纲中，科学家们已经列举了大约10 000个物种，包括蛇、蜥蜴、鳄鱼和海龟。青蛙和蟾蜍属于两栖纲，但在这里我们把它们归于爬行动物，至于原因？嗯，你们都懂。如大家所知，很多科学家把鸟类和爬行动物归为同一纲。值得注意的是，几千年来，爬行动物们形成了相似的防御姿态，即逃跑和隐匿。然而，一旦感受到生存压力，或者处于饥饿状态下，一些爬行动物就会主动攻击甚至杀死人类。这一部分主要介绍的是处于生存压力或者饥饿状态下的爬行动物们如何危害人类。

001 美洲短吻鳄

数百万年前，当地球上的生命形式还很原始的时候，美洲短吻鳄 (*Alligator mississippiensis*)便在现在我们称之为美国的整块大陆上爬行、游泳。这些生物连同它们的近亲在历史长河中几乎没有变化，但地球上的气候变了，人类也变得极具侵略性。如今，美洲短吻鳄的活动区域被限定在一个较小的区域内：弗吉尼亚沿海区域，南至佛罗里达州，西到得克萨斯州，沿密西西比河上游至阿肯色州南部。美洲短吻鳄喜欢潮湿的沼泽和湿地，泥泞的河流和湖泊，有时也生活在海边。它们也喜欢高温气候，但与其他种类鳄鱼不同，美洲短吻鳄可以在低于−1℃的环境中生存，不过它们在寒冷中会休眠。当生存条件适宜时，成年美洲短吻鳄可以长到6米长，体重超过454千克。美洲短吻鳄可以在两餐之间安逸地生活很长一段时间。当准备进食时，它们会专门出去寻找一顿肉食大餐，尽可能选择一口可以吞下的猎物，大鱼和鸟是它们的首选。由于无法咀嚼，美洲短吻鳄必须把无法吞咽的食物撕成可吞咽的大块儿，这样会很消耗体力，所以它们会尽量避免。因此，美洲短吻鳄极少攻击人类，除非被激怒或者太饥饿而饥不择食。在过去的60年左右时间里，美洲短吻鳄袭击并杀死了24个人，也就是说大约每两年半时间就有一个人因为美洲短吻鳄而死于非命。显而易见，体形瘦小的成年人或儿童被美洲短吻鳄捕食的风险更高。

致命的原因

美洲短吻鳄是攻击专家。它们在水下游弋，只露出双眼，悄无声息地靠近猎物，豪赌一场，给予猎物残忍一击。如果那不幸的猎物恰好是一个人，他很可能会感觉到美洲短吻鳄强有力的下颌正在咬他的手臂或腿，进而发出啪啪声，长牙刺破皮肤时特殊的感觉让人感到危险来临。然后，美洲短吻鳄以猎物为轴迅速旋转，直到它咬住的部分被撕下来。你可能还没感觉到疼痛，但会意识到身体内的鲜血已经从伤口处喷涌而出。如果猎物不大，美洲短吻鳄会进行持续攻击。最后，它们会把未吃完的猎物拖到水中，塞进圆木之下或洞里，以备后需。幸运的是，在没被美洲短吻鳄吃掉之前，猎物早已溺水而亡了。

生存法则

留给美洲短吻鳄足够的私人空间，那些致命的攻击大都发生在有人故意挑逗美洲短吻鳄的情况下。美洲短吻鳄会攻击离巢和蛋太近的人类，成年美洲短吻鳄会通过攻击来保护美洲短吻鳄幼崽，有时甚至这些小美洲短吻鳄并不是自己的。美洲短吻鳄会攻击在它们身边游泳的人类，把这些人视为骚扰群体。如果不幸被美洲短吻鳄咬了，切记猛击它的吻，它可能会放过你。如果被咬后幸存，一定记得去医院，美洲短吻鳄的嘴很脏。

智者箴言

选择比自己弱小的人一起游泳。

绿森蚺

　　绿森蚺作为地球上现存6种巨蛇之一，体长可达12米（传说），它们生活在南美洲的河流和沼泽里，游动灵活且速度极快，就像一枚重达180千克、身材纤细曼妙但令人恐惧的鱼雷。绿森蚺视力欠佳，但可以借助头骨监听，同时通过吐信子实现灵敏的嗅觉。它们的下颌可以向任意方向张得很大，通过弹性韧带实现开合。

致命的原因

首先，绿森蚺会张开大嘴咬向猎物，它的嘴里长满了锋利的倒刺牙，这样便可以牢牢咬住猎物，即便你拼命挣脱也无济于事。虽然令人恐惧，但绿森蚺的牙齿无毒。不过，当被它缠绕之后，你会发现先前的咬伤已经不值一提了。尽管传言骨头不会折断，但这并不会给你带来多少安慰。随着你一次次呼气，绿森蚺会一步步缠紧，直到你不再呼吸。没了呼吸，也便没了生命。

如果猎物足够小，绿森蚺会张开大嘴将它直接吞进肚子。消化过程将持续一周或更长时间，这取决于猎物的大小。如果猎物太大导致无法吞咽，那样的确很幸运，绿森蚺会就此放弃，只留下失去生命的猎物尸体。对于绿森蚺来说，这是一次十足的浪费。

生存法则

绿森蚺极少攻击人类，更不用说致命了，尽管有人认为绿森蚺具有天然的掠食性。换句话说，这种巨蛇其实是在寻找食物而已。如果不幸受到绿森蚺的攻击，记得全力抗争，别怕流血和擦伤，特别是身边有人帮忙时。

智者箴言

别去拥抱任何吃肉的生物。

珠毒蜥

由于遍体皮肤凹凸不平，凸起似珠状，因此得名珠毒蜥。珠毒蜥身上每一块"珠状"凸起内部都长有些许骨头。总体来说，这些凸起物成了珠毒蜥身披的铠甲。珠毒蜥的学名为*Heloderma horridum*，通过分析名字便可知它浑身布满钉状物（*Heloderma*），看起来绝非善类（*horridum*，意为可怕的）。感觉它可怕吗？当然，仅从外表上看就是如此。一般的雌性珠毒蜥可以长到9米，重达2.3千克。雄性珠毒蜥稍大，比雌性珠毒蜥长1.8米左右，而且稍重，极端的例子可以长到4.6千克。珠毒蜥广泛分布于墨西哥的中部和西部大部分地区，一直延伸至危地马拉太平洋沿岸，因此我们通常称其为墨西哥珠毒蜥。它们喜欢生活在热带落叶林或灌木丛地带。作为目前地球上仅存的两种有毒蜥蜴之一，珠毒蜥与另一种有毒蜥蜴吉拉毒蜥（*Heloderma suspectum*）外形相似，但前者体形稍大，皮肤色彩较深，不如后者丰富。不过，珠毒蜥和吉拉毒蜥牙齿上的毒液几乎相同。

致命的原因

被珠毒蜥咬伤后会感觉疼，而且疼得厉害。被咬处开始变红肿胀，伴随着大量出汗。更严重的是，如果你的心率增加超过标准值一点儿，很可能导致内出血，进而血压下降。最严重的是因此而呼吸衰竭。

生存法则

　　如果被珠毒蜥咬伤而最终丧命，一定是你忘记了与有毒生物不期而遇时的基本原则——离它们远点儿，别去招惹它们。是的，离它们远点儿。和被吉拉毒蜥咬住一样，一旦被珠毒蜥咬住，猎物很难摆脱（见"013吉拉毒蜥"）。所以，你需要使尽浑身解数逃脱,然后尽快清洗伤口，就近就医。

智者箴言

把珠子留给那些精通针线活的专业人士吧！

004 布加蟾蜍

大约两亿八千万年之前，陆续开始有生物从水中爬上岸生活，如今的两栖动物（蟾蜍、蛙类、蝾螈等）便是它们的后代，而且它们一直保留着神秘的特性：既可以生活在水中，又可以在陆地上生活。在所有的脊椎动物中，两栖动物算得上是和人类最交好的动物类型了。它们基本上不破坏环境，不传播已知的病毒，吃大量令人讨厌的昆虫，而且无毒。但有极少数物种，可以通过奇特的方式令人类丧命。

几乎所有两栖动物的皮肤都会分泌毒素，很明显，这个特征用来保护它们免于天敌的伤害（见"012箭毒蛙"）。其中，有一种生活在加勒比海地区的布加蟾蜍（蟾蜍属），遍体就像被腐烂树叶染了色，身上长满了疣，外形胖乎乎的，具有典型的蟾蜍特征。它们可以分泌一种致幻剂，古代玛雅人、现代中美洲人和海地萨满（巫师）常常使用。布加蟾蜍被残忍地扔进沸水中，迫使它们眼睛后的腺体分泌出毒液。然后，打捞出布加蟾蜍尸体。相传，人一旦喝了加入这种毒液的酒水或者茶水，就会如死人般昏迷，不久就会康复，但意识不清，像僵尸一样四处游荡，任由施毒者摆布，直到药效解除。

致命的原因

一只蟾蜍吃得太多，或者一只燕子吃得太多，或者一个人喝得烂醉如泥都会陷入昏迷。中了布加蟾蜍毒液的毒而陷入昏迷的人，很可能被误以为已经死去，然后下葬，但其实，他还活着……

生存法则

别碰布加蟾蜍，更不要吃。

智者箴言

别让蟾蜍坏了一锅好汤。

005 棕蛇

　　在蛇的名字前冠以"棕"并没有什么特别之意。比如，一种极小的来自北美洲的棕蛇，身体稍微偏黄，有时长满了斑点，最重要的是，它们无毒。我们把目光转移到澳大利亚棕蛇身上，这是世界上最毒的蛇之一。由于目前在澳大利亚和新几内亚，拟眼镜蛇属有大约9个种以及几个亚种，所以人们总是搞混它们。这些蛇长得都很长（长达1.8米，甚至达到2.4米），头部较窄。它们身体的颜色都是典型的棕色，但也有从基本的棕色变化而来的其他棕色图案，特别是小蛇（它们牙齿里的剧毒也足以毒死一个成年人）。

　　由于棕蛇不惧怕生活在人类周围，或者至少能适应有人类存在的环境，加上它们易怒，所以棕蛇是澳大利亚本土居民被毒蛇咬伤事故频发的主要肇事者。棕蛇的尖牙不长，这点还好。咬人时能分泌的毒液不多，这也不错。甚至有时候，咬伤处没有毒液沉积，这就更不错了。

致命的原因

　　如果被大型棕蛇咬伤，它分泌的神经毒素进入人体体内，那就情况不妙了。澳大利亚的东部虎蛇是一种大型毒蛇，被很多专家称为地球上第二致命的陆地蛇。人一旦被它咬上一口，突然瘫倒的情况屡见不鲜。如果此时人还能保持清醒，会感到强烈的疼痛，很多发生在腹部，伴随着昏厥，呼吸和吞咽困难，进而血压急速下降。然后，出现严重出血情况，心脏也会停止跳动。

生存法则

静立不动，使用加压固定绷带固定住伤口（见"020太攀蛇"）。一旦绑上，就不要取下来，然后赶紧联系医生。

智者箴言

如果它（蛇）是棕色的，离它远点。

006 凯门鳄

凯门鳄是短吻鳄科凯门鳄属动物的统称，产于中美洲和南美洲，喜欢生活在流速缓慢的淡水河流和湖泊中，也经常栖息于沼泽区。它们身形大小不一，最小的种钝吻古鳄(*Paleosuchus palpebrosus*)最多能长到0.9米长，最大的种黑凯门鳄(*Melanosuchus niger*)能长到6米长，除了这两个物种之外，还有6种以上的其他凯门鳄。身长可达6米（或者微微不足6米）的黑凯门鳄是亚马孙河流域最大的食肉动物。现实中，大型凯门鳄从不担心自己成为别人的猎物，除非捕猎者是人类。在某些地区，人类大肆猎杀凯门鳄，为了得到鳄鱼皮和鳄鱼肉，导致它们濒临灭绝。所有的凯门鳄看起来都和短吻鳄相似，但凯门鳄长满了多骨的鳞边，牙齿比短吻鳄更长、更纤细，甚至更尖锐。这些牙便于咬住猎物，凯门鳄通常在水下以此拖住猎物，直到猎物淹死。凯门鳄喜欢吃鲜鱼，有时也吃鸟和哺乳动物（如水豚和猴子）。和短吻鳄一样，凯门鳄也无法咀嚼，所以它们不得不整个吞下猎物。

致命的原因

在水中，凯门鳄会咬住猎物并拖入水底，直到猎物溺亡。在岸上，凯门鳄会猛烈进攻，并把猎物拖到水中。如果凯门鳄得逞，猎物便死于非命了。

生存法则

　　远离凯门鳄经常出没的水域。如果在水中发现了凯门鳄的踪迹，尽快并尽可能悄无声息地游回岸上。切记，噪声，如尖叫声和在水中的扑腾声会把它们吸引过来。如果在岸上发现了凯门鳄，赶紧跑。如果不幸被凯门鳄咬住，无论是在水中还是岸上，记得狠戳它的眼睛，那是它最敏感的部位。如果不管用，把手伸进凯门鳄的嘴里，抓住它的腭瓣，那是舌头后面的一块皮肤，用于防止水进入呼吸道。猛拉腭瓣，你便可能得救。希望最后的办法能带给你好运。

智者箴言

　　别去喂食野生动物，尤其是用你的身体。

海蟾蜍

　　10—23厘米长，重达1.8千克的海蟾蜍（*Bufo marinus*，又叫蔗蟾蜍）又肥又大，皮肤颜色黄中带绿，其强大的繁殖能力让兔子们相形见绌。如果一对海蟾蜍夫妻产下的卵最终都可以成活，那么它们一年可以产出60 000只以上的幼体。这种两栖动物曾经被人从南美洲带到澳大利亚，以捕食祸害甘蔗田的甲虫（苷虫）。海蟾蜍彻底爱上了澳大利亚，在那里肆意地上蹿下跳。它们在晚间捕食猎物，强大的繁殖能力使得数量比澳洲野狗背上的跳蚤还要庞大。除了昆虫，海蟾蜍也吃其他动物的肉，包括小鸟，它们甚至互相蚕食。被撕碎的海蟾蜍会臭气熏天，但这仅仅是问题的一小方面。

致命的原因

在它们布满疣体的身体两侧，有两个腺体不断地分泌一种叫作蟾毒色胺的毒液。当海蟾蜍感受到威胁时，毒液分泌速度会加快，一旦它们被真正激怒，毒液会射出1米远。如果不幸的是毒液碰到了眼睛，会致人短暂性失明。任何试图吃掉海蟾蜍的动物都会死于毒液，对海蟾蜍来说是一次非常令人不安的经历。越来越多智商堪忧的人会将海蟾蜍的皮剥下并弄干，点着后吸食，以获得快感。越来越多的人因此丧命，这种毒液会导致呼吸困难和心率减慢，足以致死。在人性濒临泯灭的边缘，有一些人为了获取幻觉而舔食海蟾蜍。于是，现在有了一种有趣的自杀方式。

生存法则

显然，应该避免与海蟾蜍任何形式的接触。如果不小心接触到了，赶紧去医院。注射一剂地高辛酏剂加速心跳可能会救你一命。

智者箴言

别去舔食能带给你幻觉的东西。

008 眼镜蛇

眼镜蛇科有230多个种，其中很多种是眼镜蛇，该科的蛇都有毒。地球上很少或者根本没有其他种类的蛇会像眼镜蛇这样能受到大众的关注，作为生活在非洲、亚洲的物种，它们之所以显得与众不同，有一部分原因是它们头上那令人印象深刻的"兜帽"，由特殊的颈部小肋骨扩张形成。埃及著名的毒蛇，称为克利奥佩特拉（前69—前30，古埃及末代女王，在位期间为前51—前49，前48—前30）杀手，在许多雕像中可以发现其影踪，正是埃及眼镜蛇(*Naja haje*)。神秘的印度街头耍蛇人吹奏笛子吸引眼镜蛇，眼镜蛇前段身体从篮子里竖起并随着音乐声摇摆。眼镜王蛇（*Ophiophagus hannah*）身长可达5.8米，是世界上最大的毒蛇。被眼镜王蛇噬咬极其致命，至少部分原因是它巨大的身形。眼镜蛇长有短小、中空、固定的毒牙，可分泌神经毒素（这意味着这种毒素会攻击中枢神经系统，而不是像溶血毒素那样在血液中四处奔腾，以造成伤害）。眼镜蛇一般不介意周围有人类生活（眼镜王蛇例外），相反，它们会经常攻击人类。

另外一种人们非常忌惮的眼镜蛇是黑颈射毒眼镜蛇（*Naja nigricollis*），这是一种性情暴躁的生物。它们有一种从毒牙前面的洞里喷出毒液的恶习，毒液喷射距离可达2.1米，且准确度极高。其喷射目标常是猎物的眼睛，毒液可导致剧烈的疼痛以及失明，这样便留给黑颈射毒眼镜蛇充足的时间上前补上致命的一口。

致命的原因

被眼镜蛇咬伤后，疼痛感随之而来，伤口处开始肿胀，人会变得虚弱并感觉困倦，进而视觉模糊、吞咽困难，接下来开始头痛难忍，并逐渐丧失语言能力。之后开始不自觉地流口水，呕吐，慢慢失去知觉并出现局部瘫痪。在完全瘫痪之前抽搐不止，包括提供呼吸动力的肌肉。最后，伤者死亡。

生存法则

尽快撤离到能提供高级护理，包括可进行飞机救援并有抗蛇毒血清的医疗机构。如果眼镜蛇的毒液溅到了眼睛里，赶紧用大量的清水冲洗。

智者箴言

看到它爬来，赶紧逃跑。

珊瑚蛇

美国所有的毒蛇要么属于蝰蛇科（Crotalidae，见"019响尾蛇"），要么属于眼镜蛇科（Elapidae）。在北美，眼镜蛇科包括两个属：珊瑚蛇属（*Micrurus*，东南部、佛罗里达州和得克萨斯州的珊瑚蛇）和拟珊瑚蛇属（*Micruroides*，索诺兰珊瑚蛇）。珊瑚蛇是陆地上色彩最鲜艳的动物之一，它们全身布满鲜艳的红色、黄色和闪亮的黑色条纹。人们常常会把它们与同样色彩艳丽但无毒的猩红王蛇（*Triangulum elapsoides*）混淆，两种蛇身上的色彩组合不同。如果红色的两边都是黑色，蛇就是无毒的；如果红色的两边是黄色(有时是白色)，蛇就是有毒的。

珊瑚蛇纤细，通常不足0.6米长，头不大，易受惊吓且独来独往，上颌前部长有两颗短小、固定、相对较钝的尖牙，构成了原始的毒液系统。它们甚至无法撕破衣服，而且必须要咬上几秒钟后才能咬破人类的皮肤，进而注射具有强烈毒性的神经毒素。

致命的原因

人类被珊瑚蛇咬伤致命的事件很罕见，因为绝大多数人在蛇的毒牙还没咬破皮肤之前就把蛇拽下来了。如果等着珊瑚蛇咬破皮肤，你可能不会感觉到疼或者仅仅是一小点儿疼，而且伤口处不会肿胀。然而，从90分钟到多达12个小时之后，你会开始感觉虚弱，胳膊或腿被咬处开始麻木。几个小时之后，你将开始流口水、颤抖，进而昏昏欲睡。从某一时刻开始，你会发现说话和呼吸开始变得困难起来。如果你完全无法呼吸，也便失去了生命。

生存法则

如果被珊瑚蛇咬伤，用弹性绷带包扎被咬的整个手臂或腿，绷带要牢固，但不能太紧，以免切断血液循环。

智者箴言

红与黄，杀人悍；红与黑，不必畏。*

*通常，人们可以根据"红与黄，杀人悍；红与黑，不必畏"这句俗语来区分有毒蛇（珊瑚蛇）和无毒蛇（猩红王蛇）。——译者注

010 鳄鱼

　　爬行动物时代的真正遗存，有史以来最成功的陆生脊椎动物的唯一后裔，鳄鱼和它们的近亲（见"001美洲短吻鳄"）在过去7000万年左右时间里几乎没有什么变化。鳄鱼的一个变化是它们曾经长到超过15米长，而如今，如果你很幸运，或者很倒霉，你可能会看到一条从鼻子到尾巴尖仅仅7米长的鳄鱼，如美洲鳄（*Crocodylus acutus*）和奥里诺科鳄（*Crocodylus intermedius*）。鳄鱼喜欢炎热的气候，所以在地球上所有的热带区域都有它们的身影，包括南美洲北部、北美洲南部、非洲、印度、东南亚、澳大利亚北部和其他类似的地方。

　　可能除了一些种类的鲨鱼(见"072大白鲨")和北极熊(见"048北极熊")之外，没有任何动物能像鳄鱼那样是虔诚的肉食主义者。在一些百无聊赖的日子里，加上食物短缺，鳄鱼很可能会以幼崽为食，这绝非谣言。

鲜血的味道会马上吸引住鳄鱼。它会悄无声息地潜入水中循着血迹慢慢接近受伤的猎物，然后用巨大的尾巴给予猎物一次猛击，即便它其实并不饿。与它们的近亲短吻鳄相比，普通鳄鱼攻击性更强，而且食量更大，它们会毫无顾忌地攻击比它们大得多的猎物。在世界上某些疏于死者登记的地区，鳄鱼经常捕食人类，比如攻击在尼罗河上航行的小型船只上的渔夫，或者冲上岸疾驰46米拖住岸上步履蹒跚的行人。

致命的原因

和短吻鳄一样，普通鳄鱼也无法进行咀嚼。一旦咬住猎物，鳄鱼会和短吻鳄一样以猎物为轴快速转动，直到撕下猎物身上被咬中的肉，然后整个吞到肚子里。它们总是饥肠辘辘，不断索取食物。事实上，鳄鱼喜欢把猎物藏到水下，过后当成零食吃。

生存法则

持续重击鳄鱼的吻有时候会把它赶走。

智者箴言

唯一安全的鳄鱼住在你不在的地方。

011 欧洲蝰蛇

在英国一些著名的蛇中,欧洲蝰蛇是唯一一种有毒的蛇。这种蛇遍布欧洲和亚洲,包括蒙古国和中国某些省份。它们通常长0.6米,最长可达0.9米,身体粗壮,两侧几乎垂直倾斜。蛇头呈三角形,明显比头颈接合部宽。欧洲蝰蛇通体为黑色、棕色,或者淡一点儿的颜色,全身图案有趣且复杂,例如背上有一条颜色较深的锯齿形线条。从法国海岸的沙丘到瑞士的阿尔卑斯山,再到俄罗斯的大草原,这种蛇可以舒服地蛰伏在各种各样的栖息地环境中。在不同地区,这种蛇有不同的名字。当地居民可能称它为普通蝰蛇、欧洲蝰蛇等。

通常认为欧洲蝰蛇生性胆怯,它们会尽可能地避开人类。发生欧洲蝰蛇咬人事件通常是由于人们不小心踩到它,或者不小心捡起它。一般来说,即便如此,人被欧洲蝰蛇咬伤致死的概率也并不高。蝰蛇毒液毒性不算很强。在英国,有报道记载,每十年会有一例因欧洲蝰蛇咬伤人类致死事件发生。在其他国家,死亡率更低。

致命的原因

即刻会感觉到剧痛,虽然有害,但不足以致命。接下来,伤口肿胀，并伴随着刺痛。伤口处的疼痛和肿胀会持续若干小时，然后，嗯，大概24小时后症状开始消失。如果是小孩被咬伤，可能会出现严重休克和偶尔的心脏骤停现象。

生存法则

虽然被欧洲蝰蛇咬伤后存活概率很大，但及时寻求医疗救护还是非常明智的选择。目前，至少有8种抗蛇毒血清，效果都很不错。

智者箴言

意外的发生可能是由有预谋的粗心大意导致的。

012 箭毒蛙

中美洲和南美洲蛙族中有不少成员是世界上毒性极强的两栖动物，特别是箭毒蛙科中的箭毒蛙。大多数青蛙和蟾蜍皮肤内都或多或少含有毒素（见"004布加蟾蜍"），但没有哪一个能与箭毒蛙的毒素相提并论。实际上，箭毒蛙的皮肤内蕴含着动物世界中最致命的生物毒素。

箭毒蛙色彩艳丽，据专业报道，即便随意触碰抚摸也非常危险。这种两栖动物个体极小，有些个体成年后身长不足2.5厘米。印第安人小心翼翼地用尖木棍刺死箭毒蛙，然后在火上烘烤，当箭毒蛙被烤得吱吱作响时，腺体中的毒液便会渗透出来。印第安人收集这种毒液制成药水，涂抹在箭头和吹镖上用于捕猎。有些种类的箭毒蛙皮肤上的毒液毒性太强，印第安人干脆把它们钉在地面上，然后用武器尖在它们身上反复摩擦蘸取毒液，箭毒蛙因此得名。

致命的原因

人们对箭毒蛙的蛙毒活性所知甚少，因为很难找到愿意献身于研究致死原因和速度的志愿者。中了箭毒蛙的蛙毒后，人体内似乎发生了这样的事情：体内的毒素促使心跳加速，再到心动过速，血液无法在两次心跳之间填满心室，因此导致了心跳停止。抽搐可能是人离世前最后的挣扎了。

生存法则

不幸的是，目前还没有任何有效的解毒剂，所以，千万别碰色彩斑斓的小青蛙或者来自南美的箭头。

智者箴言

看着就好，别动手碰。

013 吉拉毒蜥

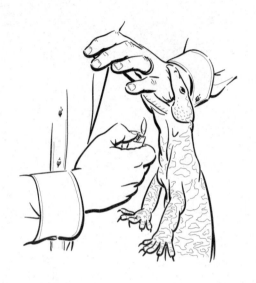

目前，人类已知蜥蜴种类大约3000种，绝大部分蜥蜴与人无害。尽管有很多不同的传言，但实际上只有两种蜥蜴有毒，而且有潜在威胁使人丧命。这两种致命的毒蜥蜴就是珠蜥蜴（见"003珠毒蜥"）和吉拉毒蜥（*Heloderma suspectum*），它们同属于毒蜥属。

吉拉毒蜥与毒蛇的毒腺位置不同，前者毒腺位于下颌，后者毒腺位于上颌，而且吉拉毒蜥的毒腺不与牙齿相连，这一点同样与毒蛇不同。吉拉毒蜥必须咬住猎物，毒液通过唾液慢慢渗入伤口，由于缺少毒液注射系统，吉拉毒蜥咬住猎物后不会轻易松口，韧性极强。

在墨西哥北部和美国西南部，吉拉毒蜥过着安静祥和的生活，它们晚上出来觅食，成年个体身长接近0.6米。吉拉毒蜥通体基本为黑色，带有黄色及粉红色斑纹。由于吉拉毒蜥的毒液属于神经毒素，因此被它咬伤后不会显现出特别强烈的疼痛感，但它会紧紧抓住猎物，并卖力地啃咬。吉拉毒蜥基本不伤人，除非被人类惹恼，这时它们会使用后腿快速旋转，以令人瞠目结舌的灵活性和速度攻击人类。

致命的原因

如果吉拉毒蜥狠狠咬住人体，并成功地把毒液注入人体内，伤口会出现明显的肿胀。接着，伤者开始四肢麻木，并感觉虚弱，同时感觉心跳加速，之后会呕吐，头晕，呼吸也变得困难起来。被吉拉毒蜥咬伤一般不会致命，那些因此丧命的人很可能是因为本身有呼吸方面疾病。

生存法则

一旦被咬，想尽办法摆脱它。这可能需要切断蜥蜴的颌部肌肉。或者使用火烤，比如用打火机烤吉拉毒蜥的下颌，可能管用。然后，确保安全后赶紧就医。

智者箴言

并不是所有的怪兽都仅生活在电影中。

014 科莫多巨蜥

科莫多岛位于印度尼西亚巴厘岛以东约3864米处，是一座由火山喷发形成的、荒芜的、类似于"月球表面"的岛屿，这里是地球上现存最大的蜥蜴——神奇且凶猛的科莫多巨蜥(*Varanus komodoensis*)的家园。目前，只有科莫多岛和附近5座岛屿上生存着这种爬行动物。科莫多巨蜥全身呈暗灰色，皮肤粗糙，布满隆起的疙瘩，无鳞，脖子松弛，鼻子短，巨大的嘴里长满了锋利的锯齿状尖牙。成年科莫多巨蜥身长可达3米，重达227千克，被激怒时破坏力十足。这种可怕的蜥蜴还是强悍的运动健将，它比世界上跑得最快的人跑得还要快，比最优秀的游泳运动员还擅长游泳。同时，它们挖洞快，爬树快，进食快，它们的食谱中包括大量的肉食，比如野生水牛、野鹿、野猪、野山羊，以及误入的人类。科莫多巨蜥尤其喜欢吃腐肉，所以它们经常挖掘墓穴，吃掉人类尸体。另外，它们也会同类相食，所以，为了生存，刚出生不久的科莫多巨蜥幼崽会在树上生活一段时间。科莫多巨蜥几乎是又聋又瞎，但它们嗅觉极其灵敏，可以嗅到方圆6.5千米内猎物的味道。

致命的原因

当科莫多巨蜥进食时，除非在你和它之间有一道牢不可破的栅栏，否则你就死定了，或者很快死定了。平时科莫多巨蜥喜欢独来独往，当进食时，且周围食物充裕时，它们便会成群结队。科莫多巨蜥攻击猎物时速度极快，通常第一目标是猎物的喉咙。咬住猎物后，它会用前肢狠狠按住猎物，然后持续撕咬下一大块鲜肉，并整个吞下。如果猎物是倒霉的人类，15—20分钟就会尸骨无存。

生存法则

必须奋力战斗。但即便是被它那臭名昭著的沾满细菌和毒液的牙齿咬上一小口，也必须尽快去寻医问药。*

智者箴言

好篱笆挡不住坏邻居。

* 人们通常认为，科莫多巨蜥口腔内含有致命细菌，咬伤猎物后，致使猎物感染，患上败血症，进而死亡。还有科学家通过实验研究发现，科莫多巨蜥含有毒腺，分泌的毒液是导致猎物死亡的原因，而非致命细菌。目前，这一说法还有待证实。——译者注

015 环蛇

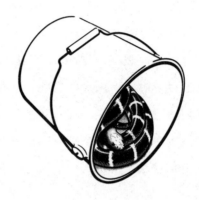

环蛇是眼镜蛇科(Elapidae)环蛇属(*Bungarus*)剧毒蛇的统称，有人认为这种蛇是较小的蛇，通常只有0.9米长，但也有个体接近1.8米。环蛇背面为黑色或蓝黑色，呈圆柱形的身体上遍布着40个左右纤细的白色圆环，这些圆环色彩向头部逐渐变淡直至完全褪色，扁平的蛇头与身体相连，几乎没有颈部。环蛇以老鼠、青蛙和蜥蜴为食，而同属环蛇属的印度环蛇（*Bungarus caeruleus*，又名普通环蛇）更喜欢吃其他蛇，包括同种蛇，这使得它在任何"友好蛇类奖"评选中都名落孙山。印度环蛇广泛生活在印度和斯里兰卡的丛林地带。一些专家声称，在印度每一年死于印度环蛇咬伤的人数超过其他种毒蛇致死人数总和。

环蛇很少在白天出没，如果在明媚的阳光下发现它的踪迹，它可能正在享受阳光浴，此时即便把它拿在手里，它可能也不会攻击你，但最好不要随便碰它。到了晚上，环蛇开始活动。当与猎物对峙时，它们会盘起身体，放平，头部埋藏起来。千万别上当！这是它要发动攻击的前奏。

致命的原因

环蛇似乎不太喜欢攻击人类，但只要攻击，它们就会持续地咬住你不放，在你体内注入足量的毒液。环蛇的毒液中含有大量神经毒素。令人惊讶的是，被环蛇咬伤后伤口处可能感觉不到多少疼痛。但是稍等，严重的腹部痉挛正悄然间发生，随之而来的是扩散性瘫痪。接下来，呼吸肌完全麻痹，不再受支配，最终导致窒息而亡。

生存法则

如果没有专业的医疗干预，人被环蛇咬伤后死亡率将高达80%。被环蛇咬伤后一定要寻求专业医疗人员帮助。同时，使用加压固定绷带固定伤口（见"020太攀蛇"）。

智者箴言

黑暗并不可怕，可怕的是黑暗中隐藏的东西。

016 黑曼巴

    非洲的曼巴蛇属（*Dendroaspis*）包括东非绿曼巴（*Dendroaspis angusticeps*）、简氏曼巴（*Dendroaspis jamesoni*）、黑曼巴（*Dendroaspis polylepis*）和绿曼巴（*Dendroaspis viridis*）4种蛇，它们是眼镜蛇的近亲，行动非常敏捷快速，是地球上爬行速度最快的蛇。而且，这类蛇极具攻击性。如果真有那么一种蛇会义无反顾地攻击人类，那么曼巴蛇肯定会当仁不让，尤其是黑曼巴。黑曼巴是非洲最恐怖的毒蛇，身长一般可达4.3米，体宽在7.6—10厘米之间。

    在所有的毒蛇中，只有眼镜王蛇(见"008眼镜蛇")体形比黑曼巴大。令人困惑的是，黑曼巴并不是黑色的，而是以灰色、棕灰色为主，仅仅是嘴巴呈墨黑色。它们喜欢生活在茂盛的草地和茂密的灌木丛中，一旦遇到黑曼巴，将是一场致命之旅。黑曼巴在树上攀爬的速度和在地面上的爬行速度相当，这样便给人类防御逃生制造了很大麻烦。当遇到移动的猎物时，黑曼巴往往最危险，它会不假思索地攻击猎物。当它们高高抬起蛇头，高过身边的杂草时，也许只有最非凡的人类才能保持镇定，站在原地继续观察。

致命的原因

在被毒蛇咬伤的所有案例中，被黑曼巴咬伤后会最快出现中毒现象。黑曼巴常被人们描述为"三步蛇"，也就是意味着只要被它咬上一口，行走三步后便会丧命。可能并不会那么快，也许是四步。实际上，黑曼巴的毒液是一种神经毒素，在绝大多数案例中，首先导致的是人体吞咽困难，视力模糊，语言障碍，接下来浑身麻痹，之后影响呼吸系统，最终导致窒息死亡。中毒后症状出现的速度有多快一部分取决于伤者有多害怕，通常，15分钟内，伤者便会毒发身亡。

生存法则

尽快找到抗蛇毒血清。

智者箴言

注意脚下。

017 食鱼蝮

因为蛇的骨头纤细质轻，所以很难在化石中成形，因此很难说清楚蛇从什么时候开始出现在大千世界中，我们可以认为它们出现在800万—2000万年之间地球上的某地。在进化的某一时刻，蛇类进化出了它们独特的热敏性颊窝，其中许多种毒蛇尾部还进化出了响环。蝮蛇属（*Agkistrodon*）中的铜头蝮(*Agkistrodon contortrix*)以及食鱼蝮（*Agkistrodon piscivorus*）并没有响环，但这两种蛇确是实实在在的毒蛇。特别是食鱼蝮，极其危险，被许多专家评为美国境内第三致命的毒蛇，每年造成的死亡人数超过除了西部菱斑响尾蛇（*Crotalus atrox*）和东部菱斑响尾蛇（*Crotalus adamanteus*）（见"019响尾蛇"）之外，其他毒蛇的致死人数之和。食鱼蝮常见于美国东南部各州以及伊利诺伊州南部的浅水湖、溪流和沼泽地中，体长一般达0.9—1.8米，宽大的三角形头部牵引着它那令人生厌的暗黑色身体。两条白色边缘线从眼睛处向后延伸，时隐时现。当它张开大嘴，里面看起来很白，而且感觉像棉花一样柔软，因此又被称为棉口蛇。众所周知，食鱼蝮极具攻击性，当它感觉到威胁时，一般会选择滑向你发起进攻而不会轻易离开。

致命的原因

当被食鱼蝮的一颗或者两颗尖牙咬破皮肤后，疼痛感随即袭来，不久后伤口处开始肿胀。如果伤口在手臂或者腿上，那么在接下来的一个小时内，整个受伤的肢体会变得触目惊心，伤口周围会慢慢出现充血疱疹，黑蓝相间的斑纹会向心脏方向延伸，几个小时内不会得到改观。你的头部和脸部会感觉到刺痛和麻木，曾经的健康状态渐行渐远。你可能会失去胳膊或者腿，或者血压失控，陷入昏迷，最终因为血液无法正常流动而死亡。

生存法则

玩命逃跑，避免被食鱼蝮咬到。一旦被咬了，保持冷静（身体和情绪），暗示自己食鱼蝮咬人并不是每一次都会注入毒液（这样可以帮助你保持冷静）。无论如何，尽快找到一家能提供抗毒蛇血清的医院。

智者箴言

管好你摘棉花的手(和脚)。*

* 指食鱼蝮的别称棉口蛇。——译者注

018 鼓腹咝蝰

在蛇的世界里，单词"adder"和"viper"都可以表示蝰蛇，它们通常可以互换（见"011欧洲蝰蛇"）。蝰蛇属于蝰蛇科（Viperidae），所有成员都是毒蛇。其中，鼓腹咝蝰（*Bitis arietans*）是一种粗壮的蛇，一般体长可达1米，也有个别体长可达1.9米。这种毒蛇的色彩受地理条件的影响而差别很大，通常可以看到两条明显的深色条纹，一条位于两眼之间，一条位于蛇冠之上。蛇头呈三角形，明显宽于颈部。然而，有两个原因值得我们需要特别关注这种毒蛇：第一，它是非洲大陆上分布最广的毒蛇；第二，每一年死于它咬伤的人数比其他所有毒蛇造成的死亡人数总和还要多。鼓腹咝蝰造成的强致死率一部分源于它分布广泛，一部分源于它恶毒的习性，一部分源于它的双重毒性打击：超长的毒牙和超毒的毒液。鼓腹咝蝰的种名*arietans*一词，在拉丁语中是"暴力攻击"的意思。很多小型猎物在毒液发挥作用之前就已经被这种毒蛇攻击致死了。在鼓腹咝蝰的强力攻击之下，毒牙会深深咬入猎物体内，并注射大量毒液，通常可多达150—350毫升。正常的成年男性在被注入100毫升鼓腹咝蝰毒液后就会死于非命。当感觉到威胁时，鼓腹咝蝰会紧紧地蜷缩成S形，发出响亮的嘶嘶声，或多或少，它的英文名字*便由此而来。

致命的原因

公平地说，并非所有被鼓腹咝蝰咬伤的人都会丧命。事实上，人类被这种毒蛇咬伤后幸存的概率高达85%。但是，鼓腹咝蝰的毒液具有细胞毒性，这意味着被它咬伤会对细胞组织造成损害。查看一下伤口周围有没有肿胀和变色，以及血泡，你会发现移动被咬伤的四肢会非常困难。被咬的胳膊或腿很可能会保不住，如果因此殒命，很可能是因为伤口流血不止，更有可能是因为内出血。

生存法则

被咬后尽量保持冷静，尽量不动，尽快寻求医护治疗。

智者箴言

很多事都是可能发生的，但可能性并不大。

* 鼓腹咝蝰的英文名字为 puff adder，其中 puff 有喘息、喘气之意。——译者注

019 响尾蛇

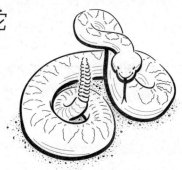

目前，全世界已知的蛇共3400多种，初步统计，其中有412种毒蛇，其毒液足以给人类带来严重的并发症。在美国，有两个蛇科毒蛇的毒液足以致命，即眼镜蛇科（Elapidae，见"008眼镜蛇""009珊瑚蛇"）和蝰蛇科（Crotalidae），响尾蛇便是蝰蛇科的成员。并不是所有的蝰蛇科毒蛇尾部都有响环（见"017食鱼蝮"），而是所有的响尾蛇都有响环。*尽管专家们就细节之处还尚存争议，但确实有约36种响尾蛇及亚种在美国境内一边爬行一边摇动着尾巴声声作响。除了响环，响尾蛇有一个特殊的毒液注射系统，极具威胁。该系统的工作原理是这样的：毒液生成后被储存在靠近两颗又长又尖、弯曲、铰接的毒牙根部的腺体中，当响尾蛇发动攻击时，嘴完全张开，上下颌几乎呈180°。接下来，上颌上的毒牙向下咬，刺破猎物皮肤，毒液从中空的毒牙中开始喷出，顺着毒牙尖上方的小孔注入猎物体内。

在美国，西部菱斑响尾蛇和更大一些的东部菱斑响尾蛇每年造成10—15人死亡，绝大多数原因是有人无意中碰到或者踩到了它们。每一年被响尾蛇咬伤的人为7000—8000人,可能更多一些,可能还少一些。所以,按照这个比例,被响尾蛇咬伤丧命的概率比较低。

致命的原因

响尾蛇并不是每咬上一口都会注射毒液,但它的毒液会立刻造成伤口处剧烈疼痛,并肿胀。对于身形较小的猎物,比如老鼠,毒液会通过其体内的血液循环流遍全身,在被响尾蛇吞下后,猎物会被毒液慢慢溶解,便于被消化。对于人类而言,同样如此,只是人体不会被完全溶解。仅仅是身体某些部位会被溶解,特别是伤口处。人一旦被响尾蛇咬伤,血液中的血小板便会被侵蚀,导致无法携带氧,如果被侵蚀的血小板量足够多,便会导致内出血,进而器官开始衰竭,休克,然后死亡。

生存法则

保持冷静。被响尾蛇咬伤后乱跑和尖叫都会加速死亡。慢慢地走,最好由人搀扶着到专门医院取抗蛇毒血清。如果及时,这种做法基本上都是可救命的。

智者箴言

保持冷静益处多。

* 响尾蛇有两个属:响尾蛇属(*Crotalus*)和侏儒响尾蛇属(*Sistrurus*)。——译者注

太攀蛇

　　澳大利亚是世界上拥有蛇类最多的国家，这些蛇归为眼镜蛇科，这一类臭名昭著的有毒爬行动物至少有85种，毒牙很短，长在上颌上。包括眼镜蛇在内，眼镜蛇科毒蛇是造成人类死亡人数最多的一类毒蛇，其中，两种生活在澳大利亚的眼镜蛇科毒蛇值得我们多加小心。

　　如果你和任意一条毒蛇被锁在同一个圆顶帐篷里，面对哪一种蛇你的生存概率最低？当问及一些动物专家时，他们会告诉你答案是眼镜王蛇（见"008眼镜蛇"）。紧随其后的是澳大利亚的细鳞太攀蛇(*Oxyuranus microlepidotus*，又称为内陆大攀蛇)，据报道，它的毒液是所有陆地蛇中最致命的。它的近亲海岸太攀蛇（*Oxyuranus scutellatus*）身长可达3米，体形稍大，毒性略小，同样非常危险。这些蛇的颜色各不相同，如灰色、浅棕色或奶油色，通常都不引人注目。太攀蛇稀少并且罕见，受到威胁时会快速逃跑，当有人试图抓住它时，它会反击，且突然变得凶猛异常，并发起强势进攻，表现出一副绝不善罢甘休的姿态。据有些受害者说，想甩掉大攀蛇难比登天。

致命的原因

太攀蛇的神经毒素能导致匐行性麻痹，影响语言、吞咽能力，并丧失眼睛闭合功能。四肢将变得虚弱无力。如果被咬后幸存，也将很难治愈被大攀蛇咬伤处的腐烂肌肉。如果丧命，很可能是因为呼吸越来越困难而导致的窒息。有好多伤者挺过了极度危险的呼吸苦难阶段，最终却死于肾衰竭。

生存法则

你应该立即使用加压固定绷带固定被咬伤的胳膊或腿，从手指尖或脚趾尖一直缠绕到四肢，并用夹板固定住。随后马上寻求医疗救护，及时注射抗蛇毒血清。

智者箴言

拿得起放不下的东西不要碰。

021　虎蛇

虎蛇产于澳大利亚，是眼镜蛇科虎蛇属（*Notechis*）的一种毒蛇。虎蛇体形巨大，身长可达3米，它主要生活在澳大利亚南部，包括塔斯马尼亚和其他远离南部海岸的岛屿。从颜色上区分，不同品种虎蛇色彩各异，不仅因地区而异，而且因季节而异。你很可能会发现绿色、棕色、黑色、蓝黑色、灰色、草绿色，或者其他色调的虎蛇。但它的身体上经常会有和其他部位色彩不同的虎纹，且腹部颜色比背部颜色浅。

大多数情况下，虎蛇会回避人类。但一旦感觉到威胁，它的身体前部会向上弯曲，其他部位放平，轻轻昂起头，并发出嘶嘶声。如果猎物靠得足够近，它便会快速而有力地发起攻击。人在被虎蛇咬伤后，如果没有及时得到一流的医疗救护，会有40%—60%的伤者丧命。因此，在一些专家看来，虎蛇是澳大利亚最致命的毒蛇。

致命的原因

虎蛇的毒液由神经毒素(严重破坏神经组织)、肌肉毒素(导致肌肉损伤和瘫痪)、促凝剂(破坏血液凝块)和溶血素(杀死红细胞)组成——总之，这是一种无法言说的恐怖混合物。人被咬伤后，首先是可预料的疼痛，接着会麻木并大汗淋漓，之后便是身体大面积瘫痪和呼吸困难。等到完全无法呼吸之时，死神便来临了。

生存法则

与被所有眼镜蛇科毒蛇咬伤后的处置方法相同，除了保持冷静和不乱动之外（希望如此），使用加压固定绷带（见"020太攀蛇"）固定伤口，然后尽快注射足够剂量有效的抗蛇毒血清。

智者箴言

且记！老虎身上的条纹不会变。

HOW TO DIE IN THE OUTDOORS

第 2 部分

凶险的昆虫

想要成为昆虫家族的一员，你需要一个可以分为三部分的身体（头部、胸部和腹部），三对腿，一对触角和复眼。有太多生物符合这个标准。在任一时刻，地球上的昆虫总数约为10^{19}。仅仅在美国，如果有闲暇时间做统计，你大约会发现91 000种昆虫。由昆虫造成的死亡人数远远超过本书中所有其他方式加起来造成的死亡人数之和。

022 | 行军蚁

　　地球上至少有150种（也许更多）行军蚁（army ants）。和所有蚂蚁一样，行军蚁是地球上最吸引人的生物之一，在已知的宇宙中创建了最复杂的社会结构。所有的行军蚁都是真正的蚂蚁，蚁科（Formicidae）的成员，但与其他种类蚂蚁不同的是，行军蚁是迁移类蚂蚁，从不筑巢，仅是聚集成一团产卵。一个行军蚁蚁群有200万—300万只行军蚁。当进食欲望袭来，行军蚁大军就会携带着幼虫整体迁移，往往要花上几个小时时间才能通过一个特定的点。行军蚁几乎完全眼盲，它们需要通过首领留下的信息素指引前行。在无形的信号号召下，它们会再次挤作一团，在此期间，蚁王会产下25 000左右颗蛋。然后，蚁群再次上

54

路。接下来，在它们行军路上的活物，要么落荒而逃，要么尸骨无存。

致命的原因

行军蚁会用强有力的下颌将猎物撕成碎片。在南美洲，行军蚁捕食时往往分成两列，形成钳形围攻，捕食任何移动的活物，然后将其啃食干净。然而在非洲，行军蚁军团会形成3千米宽、数千米长的平面大举压上，除非用火阻断，否则势不可当。它们能把大象逼疯，吃掉拴在树上的马，啃光从水里跑上岸的鳄鱼，甚至将食蚁兽吓得丢盔卸甲。猎物一旦被行军蚁困住，很快就会被吃个精光。在因痛苦而发狂之前，你可能会死于休克或者窒息，因为鼻子和嘴里早已填满了这些可怕的蚂蚁。

生存法则

在行军蚁蚁群的周边千万别睡着了。另外，行军蚁行军速度很是一般，一小时移动7.6—15米，所以，正常情况下你有足够的时间快速逃离，除非你摔断了腿，或者其他因素导致行动不便。

智者箴言

那些恐惧、逃跑的人是为了再活一天。

023 蜜蜂

　　当蜜蜂觉得被冒犯时，它会用腹部末端的尖"针"蜇人。每一个尖"针"都附着在毒液囊上。毒液能立刻引发疼痛，有时候疼痛会非常严重。如果一个蜂群被惹怒，那么它们会以4次/秒的平均速度蜇人。值得注意的是，从南美洲向北缓慢迁移的杀人蜂（又称为非洲杀人蜂），体形比蜜蜂略小，颜色稍暗，但攻击性远超蜜蜂，整个杀人蜂蜂群可以平均每秒蜇人24次。设法及时逃脱是非常明智的选择，但也一定会有很多伤口需要处理，幸运的是，绝大多数人都会有惊无险。蜜蜂带毒的尖针是长在身体里的，蜇人时尖针就留在了被蜇动物体内，所以蜇人之后蜜蜂就会死亡。然而在美国，蜜蜂和它的膜翅目近亲(黄蜂、小黄蜂、大黄蜂、火蚁)每年杀死的人类数量比所有蛇、蜘蛛和蝎子加起来还要多。究其原因：过敏性休克。

致命的原因

　　过敏性休克是一种严重的过敏反应，由外来蛋白质进入人体血液导致。膜翅目昆虫毒液中的蛋白质会引起许多人的过敏反应。如果过敏，被蜇后伤口处很快就会肿胀。但过敏反应导致的致死现象通常发生在几分钟内，也可能发生在几个小时后，表现为呼吸困难和/或休克。当你绝望地试图通过肿胀的呼吸道呼吸时，你的脸会又红又肿，舌头也会不由自主地伸出来。接着血压会急剧下降，但对此你却一无所知。很快，你便会失去意识，灵魂也随即永远离你而去。

生存法则

　　如果你是易过敏体质，你肯定知道这种危及生命的不良反应是可逆的，那便是必须注射肾上腺素，且谨遵医嘱。

智者箴言

小心蜜蜂。*

* 英文原文"Bee careful"与"Be careful"（小心）同音。——译者注

024 | 接吻虫

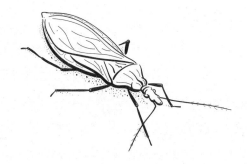

　　身体光滑略呈椭圆形，褐色，从分类学上来说，接吻虫是锥蝽（Triatominae）的一种，或者对讲西班牙语的人来说，是猎蝽（vinchuca）的一个成员（寓意为"让自己摔倒"）。接吻虫身长不到2.5厘米，头部长而窄，呈锥形，长着一对触角和一个向下弯曲的喙。在腹部两侧，点缀着浅黄色或红色的窄条纹。它轻轻扇动两对翅膀，像降落伞一样从灌木丛或茅草屋顶上悄然落在熟睡的人脸上开始吸血。这样的情形最有可能发生在美国南部与阿根廷北部之间的某个地方。

　　接吻虫最喜欢接近人类的嘴，当在舒服的位置落脚后，它就会用解剖刀一样的触角"亲吻"你的唇，吸食血液足20分钟，这些被它吞到肚子里的食物会是它自重的很多倍。因为吃得太多，迫使接吻虫就地排便，粪便中含有一种寄生虫——克氏锥虫，也就是能引发南美洲锥虫病的元凶。当接吻虫飞走后，人一旦下意识地揉搓被叮咬处，就会在不经意间把克氏锥虫送进身体里，然后，人便得了病。

致命的原因

　　大约一周后，被接吻虫叮咬过的地方就会出现一个坚硬的紫色肿块，聚集在肿块里的寄生虫会通过人的血液循环扩散到全身。它们会侵入心脏、大脑、肝脏和脾脏。如果寄生虫侵入儿童体内，会导致严重的脑部感染，进而造成死亡。在成人体内，这种寄生虫主要会影响心脏功能，这些在心脏处产生的病变会逐渐降低供血肌肉的效率。有些感染南美锥虫病的患者会在3个月左右时间内死亡，大部分患者最初能够存活下来，但在接下来的10—20年里会慢慢死于这种疾病。

生存法则

　　目前，抗寄生虫药物可用于杀死寄生虫，对于南美锥虫病的其他症状和体征，建议采用维持疗法。

智者箴言

偷吻不值得。

025 蚊子

很长一段时间以来，大约两亿年，蚊子那令人恼火的嗡嗡声就一直困扰着地球上的其他生物。蚊子在静水中产卵，卵孵化成幼虫（称为孑孓）后在水中扭动，几乎不得见。之后幼虫成长为蛹，在水中疯狂地来回扭曲着身体，像极了精神错乱的逗号。最后，蛹表皮破裂，幼蚊诞生。其中，因繁殖需要，雌蚊需要吸食动物血液来促进内卵的成熟。雌蚊和雄蚊都能以植物的汁液为食，但雄蚊一生都会坚持做虔诚的素食主义者。雌蚊则将毕生精力用于寻找任何可以提供血液的生物，它们好将自己的刺吸式口器刺入那些生物皮肤内吸血。蚊子飞行时翅膀每秒钟可振动600次，一对复眼几乎可以同时看到所有方向，它们主要通过嗅觉来感知热量、乳酸、二氧化碳、氨基酸以及水蒸气，而这些恰恰是温血动物（恒温动物）的主要特征。

致命的原因

在已知的整个生物界，蚊子携带的病菌比任何其他生物都多，雌蚊在叮咬猎物时会同时传播这些病菌。例如，蚊子会携带塞卡病毒，虽然这种病毒致死率不高，但是感染塞卡病毒的母亲生下的婴儿出现严重的出生缺陷却很常见。蚊子还会携带寄生于人体内的4种疟原虫*，这些疟原虫是导致每年2亿疟疾病例新发的元凶（见"110疟疾"）。它们也携带如黄热病、登革热（见"105登革热"）以及某些脑炎等一些流行传染病的病毒。在美国，有研究发现，蚊子常常携带西尼罗病毒（见"118西尼罗病毒病"）。一些生物专家指出，每年约有7亿人会感染一种由蚊子传播的疾病。这就可以解释为什么蚊子在每个人所列的最致命的动物名单上都名列前茅了。

生存法则

使用含有DEET、Picaridin、柠檬桉叶油或伊默宁（IR3535）的杀虫剂，并按照标签上的说明使用。在蚊子叮咬的高峰时期，即黎明和黄昏时尽量减少户外活动。穿长衣长裤，使用蚊帐，或者移居南极洲以及冰岛。

智者箴言

唯一的好蚊子不在你身边。

* 分别为间日疟原虫、三日疟原虫、恶性疟原虫和卵形疟原虫。——译者注

螺旋锥蝇

许多苍蝇都有一种令人作呕的习惯，那就是把卵产在死肉里。这些卵孵化成蛆，蛆利用它们的粪便可使死肉变嫩，然后它们进食这些死肉，最终变成成虫。

螺旋锥蝇（新大陆热带地区称为*Coch liomyiahominivorax*，旧大陆热带地区称为*Chrysomya bezziana*）体形大约是普通家蝇的两倍，颜色为蓝绿色或紫黑色，它有一个更令人讨厌的习惯，雌螺旋锥蝇喜欢将卵产在活肉伤口上，任何伤口都可以，哪怕是蚊子叮咬后的小划痕。如果任其自由发挥，它会在3到5天内产下大约500个卵。这些卵会在24小时内孵化成蛆，有时只需要12小时，这些蛆成熟后身长约1.3厘米，看起来就像一颗颗小螺丝钉，它们会以惊人的速度啃食身下活着的生物。通常，在螺旋锥蝇泛滥地区，牛羊的死亡数目惊人。目前，螺旋锥蝇在美国已经灭绝，但在墨西哥，还有这种讨人厌的苍蝇存活。

致命的原因

在人睡着时可能会发生不妙的事。比如说，螺旋锥蝇会在人的脖子上、肩膀上或脚踝上的一个不起眼的小伤口处产卵。只需几天或者一周时间，那些蛆就可能钻进了脑部或者肺部，进而引发死亡。

生存法则

坦白讲，除非你根本不关心自己身体，否则不会死于螺旋锥蝇的阴谋诡计。或者，有人把你绑在了哥斯达黎加一处苍蝇横行的牧场上的一棵树上。

智者箴言

及时拍打，拯救生命。

027 舌蝇

尽管有化石证据表明，这种遍体黄褐色的舌蝇（蝇科）曾在史前北美大陆上空嗡嗡作响，但如今它们主要生活在处于热带的非洲。舌蝇又叫采采蝇，它们白天觅食，主要吸食血液。对于舌蝇来说，人类是它们完美的捕食对象。在饥饿的驱动下，舌蝇觅食时成群结队，凶猛异常，可以轻易地叮透厚衣物甚至犀牛皮，有时还会主动攻击紧闭的车窗玻璃。一旦被舌蝇叮咬，你会感觉到非常短促的疼痛和瘙痒。

刚出生的舌蝇幼虫体内不携带致病微生物，暂时以母体子宫壁上一对乳腺分泌的营养液为食，然后会钻入土中，30—40天后羽化为成虫。成虫后，它们会立刻从土中钻出寻找血液补给，每次进食可以喝掉三倍于体重的鲜血。如果恰巧它们吸食的生物体内有微小的锥虫(一类带鞭毛的原生动物，可引发昏睡病)，那么饱餐过后的舌蝇便携带了锥虫病原体。

致命的原因

如果人类被携带锥虫病原体的舌蝇叮咬，这种恼人的单细胞寄生虫便会进入人体血液中。然后，这些锥虫会迅速繁殖，抢食人体内的葡萄糖。不幸的你开始头疼，发热，直至昏昏欲睡。你将陷入一段时间的贫血、癫痫、神志不清状态中，在此期间，锥虫控制了你的身体。在外界看来，你似乎沉睡了数周甚至几年时间。由昏睡病（锥虫病）导致的死亡涉及心脏和神经系统功能的并发症，这与南美洲锥虫病（见"024接吻虫"）类似。

生存法则

对症下药。

智者箴言

轻点儿走，别忘了带好苍蝇拍。

028 黄蜂

　　黄蜂既不是蜜蜂的一种（见"023蜜蜂"），也不是蚂蚁的一种（见"022行军蚁"），而是另外的一种膜翅目昆虫。分类学家热衷于鉴别和命名黄蜂，目前已知黄蜂种类已超过10 000种，包括所有的小黄蜂和大黄蜂。尽管我们已经对社会性黄蜂的行为司空见惯，它们会成群结队地聚集在一个巨大的共享巢穴中，但世界上大多数黄蜂是独栖性的，它们会为直系亲属筑巢，如果它们真的筑巢的话。有些独栖性黄蜂不蜇人。黄蜂蜇人是为了杀死猎物，所以它们不会无谓地蜇人。当然，如果受到威胁，比如人手拍打，它们也会反击蜇人。社会性黄蜂蜇人用于防御，一只黄蜂可以而且会蜇人多次。只有雌性黄蜂才有螫针，但当你成为目标时，昆虫的性别几乎无关紧要。当一只社会性黄蜂感到威胁而需要防御时，它会释放出一种信息素，以此激怒群体中所有的带螫针同伴，数量可高达5000只。这样，你就麻烦了。

致命的原因

　　黄蜂通过螫针将毒液注入猎物体内，破坏局部细胞壁，促使细胞向大脑发送信号。对于被蜇的人来说，这个信号就是痛苦的尖叫。疼痛可能非常剧烈，但谢天谢地，过几分钟就会缓解。然而，想象一下被蜇了100次或者500次的情景！理论上，毒液过量会导致死亡，但没有人知道人体能承受的最大量。另外，每年都有大量的人死于膜翅目昆虫叮咬所引发的过敏性休克（见"023蜜蜂"）。每年由于蜜蜂和黄蜂叮咬引发过敏性休克而造成的死亡人数比其他任何毒液导致的死亡人数都要多。

生存法则

切记，不要拍打黄蜂。如果你不招惹一只黄蜂，就不会惹怒整个蜂群。如果身边有黄蜂正嗡嗡作响，尽量保持不动，让它飞走，或者有把握可以迅速摆脱它。如果你没能躲得过去，蜂群蜂拥而至，那赶紧以最快的速度逃生吧。如果你有过敏史(或者有过敏反应风险)，记得携带可注射的肾上腺素，这是需要医生开具的处方药。

智者箴言

"人多势众"并不总是对人有用。

HOW TO DIE IN THE OUTDOORS

第 **3** 部分

残忍的哺乳动物

哺乳动物是恒温动物，它们长有毛发（或多或少），有新皮质（大脑皮质的一部分），仅是雌性有乳腺。如此说来，人类也是哺乳动物。同样，鲸也是哺乳动物，但本书把它们归入另外的部分中。现代科学目前确认了约5416种哺乳动物。大多数哺乳动物都有牙齿，本部分中出场的哺乳动物都有牙齿，有些还有爪子，而且没有哪种哺乳动物会害怕使用它们。

029 河狸

嗯，当心勤劳的河狸。河狸擅长在小河和小溪中垒坝形成池塘，然后在池塘中建造一个小屋，在那里生活并抚养子女。在垒坝过程中，它们可以用不断长出的牙齿啃倒大得出奇的树。河狸嗜木成瘾，它既吃木头，又经常咬碎木头储备食物。河狸作为游泳健将，后脚有蹼，宽而平的尾巴上覆有鳞片。受到惊吓时，它会在池塘中用尾巴用力拍打水面，发出很大的声音。河狸有自己的属（河狸属），共有两个种：北美河狸（*Castor canadensis*）和欧亚河狸（*Castor fiber*）。这两个物种的亲缘关系非常密切。曾经，河狸的数量估计有6000万只甚至更多，而现在可能还不足十分之一。在人类与河狸之间的冲突中，河狸表现得并不那么友好。作为世界上第二大啮齿类动物（仅次于水豚），河狸终其一生都不会停止生长，它们的体重经常超过22.7千克。众所周知，河狸具有极强的领地意识，受到威胁时很容易发怒。还要注意，它们会杀了你。

致命的原因

有人会对"有趣"的户外死亡方式感兴趣吗？河狸攻击人类是公认地罕见，所以这种意外的确很有趣。但河狸攻击人类是有据可查的，有时人们会命丧它手。如果它们能啃倒一棵大树，那么显而易见，咬断人类的腿更是不在话下。当动脉被切断后，血液将会大量流失，如果无法及时止血，那么就会有生命危险。

生存法则

离河狸远一点儿，同时，携带止血带。

030 孟加拉虎

　　孟加拉人民共和国，简称孟加拉国，它位于孟加拉湾北部，世界上最著名的孟加拉虎(*Panthera tigris tigris*)就以它的名字命名，这种猫科动物不仅生活在孟加拉国，也生活在印度、尼泊尔、不丹及中国。尽管数量在减少，孟加拉虎仍然是自然界中最常见的老虎。它的毛发呈浅橙色或淡黄色，身上条纹呈黑色或深棕色，尾巴上的条纹则变为黑色的环，腹部为白色。孟加拉虎从鼻头至尾巴尖的长度可超过3米，体重可超过318千克，它拥有所有猫科动物中最长的牙齿，已知最长的可达10厘米。这些牙齿由强有力的颌肌支撑，用于捕食印度及周边地区常见的野生动物，如鹿、野牛、水牛等。当食物消耗殆尽时，孟加拉虎就会捕食猎物，甚至包括比自己大得多的动物。有报道记载，孟加拉虎有时也会袭击大象和犀牛。而且，孟加拉虎不同于其他老虎(见"052西伯利亚虎")，它们更嗜好吃人——这很好理解，因为这里不仅有最密集的虎群，而且有最密集的人群。当饥饿时，绝大多数孟加拉虎都会选择攻击人类，很多孟加拉虎因此变成了"食人虎"。即便可能有更多猎物可选，但人类总是它们的最佳选择。

致命的原因

孟加拉虎匍匐接近猎物，然后一个加速猛冲，跳起，牙齿就此埋入猎物脖子，一直咬到猎物丧命。猎物要么被咬死，要么窒息而亡，要么被吓死。它们会用爪子按住猎物，以防猎物挣扎乱动。出于隐秘目的，孟加拉虎会把猎物拖入草木茂盛之处。一只饥饿的孟加拉虎可以一次吃掉一整个人。

生存法则

千万别跑！更不要转身。孟加拉虎不喜欢攻击猎物脸部。慢慢地，尽可能平静地后退。不要蹲着，要站得高高的，把手臂举过头顶，试着看起来很吓人。千万不要尝试和孟加拉虎进行眼神交流，那样会让它感到愤怒。如果同行的队伍人数不少，记得一定聚在一起别落单。如果孟加拉虎靠近了，可以试试大声叫喊，尤其是发出那些让孟加拉虎感觉不同寻常的声音——亨德尔的《哈利路亚大合唱》，最大音量，可能有用。如果孟加拉虎不管怎样都要攻击你，那你今天可真是倒霉透顶了。

智者箴言

虎视眈眈有时是非常差劲的做法。

北美野牛

　　作为美国最大的损失之一，曾经的北美野牛(*Bison bison*)成群结队，像浩瀚的被毛发覆盖的海洋一样肆意流动，数量高达数百万只。*从阿勒格尼山脉到内华达山脉，从得克萨斯州南部到加拿大西北部的大奴湖，到处都有它们寻觅水源和杂草的身影。和非洲水牛 (*Syncerus caffer*) 以及亚洲野水牛 (*Bubalus arnee*) 外形相似，但北美野牛是不同的物种，其特点是头和肩巨大，毛发蓬松，后躯相对较小。一头成年北美野牛可高达2米，体重超1吨。在不被骚扰的情况下，幸存下来的北美野牛是一种性情温顺的动物，不会伤害人类。

致命的原因

在保护区内，游客们经常将北美野牛视为宠物，有时候人们靠得太近，会激发北美野牛的自我保护意识，这种生存本能导致在公园里发生的北美野牛袭击人类事件是熊袭击人类事件的4倍以上。人一旦被一只体形巨大、肌肉健硕的北美野牛撞击，整个身体就会在空中翻滚，落地后遍体鳞伤，很可能多处骨折，甚至死亡。此外，两只牛角也极具威胁。如果逃跑，牛角会刺破你的屁股；如果直面这个庞然大物，牛角很可能会刺破你的腹部。如果你不巧骚扰了一头年老的北美野牛，它的身后跟着气急败坏的牛群，那你的生命便走到了尽头。牛群呼啸而过，你会尸骨无存。

生存法则

在方圆7.6米之外，北美野牛会与人类和谐共生。

智者箴言

不要和老野牛一般见识。

*2016年5月9日，北美野牛被正式确定为美国国兽。——译者注

032 美洲黑熊

就所有的熊而言，美洲黑熊(*Ursus americanus*)长得不算大，极端情况下可能只有1.8米高、227千克重，但它们的活动范围很广，从阿拉斯加北部到墨西哥，从佛罗里达州到加利福尼亚州，从缅因州到华盛顿州，随处都能发现美洲黑熊的身影。这种熊的毛色丰富，包括黑色、褐色、亚麻色、蓝色、棕色，甚至奶白色。杂食、易受惊吓、强壮，同时，美洲黑熊也会性情暴戾。许多地区的美洲黑熊已经习惯了人类的存在，因此，越来越多的美洲黑熊将人类作为食物来源。尤其危险的是那些年老身弱的美洲黑熊，除了能捕杀瘦小、行动迟缓的人类之外，它们几乎什么也抓不到。于它们而言，所有的人类，无论男女，无论强壮与否，都是瘦小、行动迟缓的猎物。据统计，美洲黑熊杀死并吃掉的人类总数比命丧北美灰熊(见"040北美灰熊")之口的人数还要多。

近年来，美洲黑熊逐渐沉迷于"轻松采摘"，它们经常破门而入，吃掉宿营帐篷里的食物，尤其是人类；爬上小屋屋顶，强行进入后吃掉房屋主人；有时还会在吞掉旅行者的一条胳膊后，残忍地丢下伤者，扬长而去。

致命的原因

当美洲黑熊真的攻击人类时，它一点儿和你玩儿的意思都没有。它要么是饿了，要么是为了保护幼崽。如果它饿了，你就是它的食物。美洲黑熊懒得先杀死猎物，它们会抓住猎物然后开始咀嚼。留给猎物最后的也是极其难得的机会，便是看着自己一点一点被撕碎，然后成了美洲黑熊的美味大餐，当然，这个时间会很短。

生存法则

那些不想成为美洲黑熊口中亡魂的人指出，他们通过使用任何可用的物件作为武器，包括拳头，来猛击熊的头部和面门来保命。另外，只要还有力气尚存，就不要放弃抵抗。

智者箴言

站起来，为了生存而战!

033 非洲水牛

　　真正的非洲水牛和北美野牛(见"031北美野牛")不同，毋庸置疑，在所有具有潜在杀伤力的有蹄类动物中，非洲水牛的危险性位居榜首。在整个非洲，许多专家认为非洲水牛的危险性超过了其他所有危险动物，包括狮子、豹、大象、河马和犀牛。

　　尽管在不被打扰时非洲水牛会表现得相对温顺，但它们生性狡黠，容易心烦意乱，在受伤时，陷入绝境时，或者突然在高大而茂密的草丛中出现人影时，它们就会对人类表现出臭名昭著的敌意来。在非洲水牛铁板一样的头骨中间长着又重又尖的牛角，这对牛角像大盾一样，在躲避猎人捕杀时可以挡住猎枪子弹。同时，它们会围着猎人打转，转到猎人身后发起进攻。非洲水牛庞大的身躯并没有阻碍它们惊人的速度。它们的目的就是用牛角凿开一个洞。

致命的原因

　　一旦被非洲水牛的牛角钩住，猎物（比如人）就会被抛到空中，高达3米甚至更高。等从空中落下后，猎物便躺在地上血流不止，然而这只是噩梦的开始。那头非洲水牛会再次冲过来，用巨大的牛角刺向奄奄一息的猎物。这一回，它会愤怒地摇摆着头，从一边转到另一边，直到猎物被切碎。非洲水牛暴怒起来非常可怕。有报道称，曾有一个人爬上了一棵矮树躲避攻击，但双脚却无法躲开非洲水牛跳起时牛角的攻击。就这样，可怜的人双脚一次次被牛角刺破，被发现时早已血尽而亡，真是倒霉透顶。

生存法则

别在高大而茂密的草丛中给非洲水牛带去惊喜，别弄伤它们，别把它们逼入绝境。

智者箴言

进退两难是致命的。

034 骆驼

　　世界上所有长有蹄子的动物统称为有蹄类动物。根据趾端蹄数为奇数（如马、犀牛和貘等）或为偶数（如猪、牛、绵羊、山羊、鹿、骆驼等），有蹄类动物分为奇蹄目和偶蹄目两类。虽然绝大多数有蹄类动物性情温顺，但也有很多例外(见"033非洲水牛")。其中，我们不得不提及骆驼。

　　单峰驼（*Camelus dromedarius*）长有一个驼峰，在炎热的沙漠地区，如阿拉伯和非洲部分地区被用作驮畜。*双峰驼(*Camelus bactrianus*)长有两个驼峰，主要生活在亚洲北部等较冷、多岩石的地区。

　　骆驼以其强大的储水能力闻名于世，它们能够长时间、远距离行走而不需要休息和补给。骆驼名气不大，却也是脾气暴躁。作为驮运工，它们反对超载，也会对经常恶语相加、虐待自己的驯兽员怀恨在心，找准时机，在最意想不到的时候发动攻击。有时候，它们攻击人类的理由会让人觉得莫名其妙。

致命的原因

骆驼使用牙齿进行攻击。不同于大多数食草动物，骆驼的犬齿可以咬断人类肢体。如果肢体没有被咬断，它们会咬住人的头上下猛力撕扯，直到扭断人的脖子。如果仍然没能得逞，骆驼便会把人扔到地上，不断啃咬，直到伤者流血不止而亡。我们还知道，骆驼攻击人时还会踢人，有时甚至会骑在它们觉得冒犯它们的人身上。是单峰驼，还是多峰驼？有谁在意这件事儿？人类的尖叫声丝毫不会影响它们。

生存法则

逃跑！最好是逃向庇护所，如建筑物或车辆。如果被咬，全力还击。

智者箴言

不要成为别人的负担。

* 单峰驼为埃及国兽。——译者注

035 食人族

　　在我们最疯狂的想象中，没有什么会比那种人类残杀同类事件更骇人听闻，包括蓄意谋杀、战争、某些邪恶的宗教审判等。这些年来，那些被残杀的人数量惊人，并且在随后的盛宴上成了凶手的晚餐。当心脏在祭坛上被挖出之后，这些献祭之人便成了阿兹特克人的餐食，通常配上西红柿和辣椒。早在世界上第一批历史学家开始记录非洲人的饮食习惯之前，中非共和国的桑加-姆巴埃雷省就已经有了很长时间的同类相食史。讨论他们是否把活的传教士扔进沸水里没有实际意义，除非你是传教士中的一员。另外，有几起在荒野中迷失的事件因为幸存者吃掉了死者而名声大噪。

　　更令人吃惊的是，目前还有很多食人族以人为食。这样的事情主要发生在麦当劳和微波炉等现代文明缺席的地区，而且主要是在一个原始部落对另一个原始部落发动的掠食战争中。如果你此时路过，没人敢保证你能幸免于难。

致命的原因

　　这样看来，上等的厨师会先把猎物杀了，然后加上一些调味品，这样的话，作为猎物的你就不必等水烧开了。

生存法则

来一次奋勇抗争。

知道你正在吃谁比知道谁正在吃你要好得多。

036 非洲野犬

家狗偶尔会出现在新闻报道中，成为杀人凶手。但它们很少伤害主人，更多的时候是谋杀邻居或邮递员。其中，杜宾犬和斗牛犬居多。家狗通常会在室内袭击人类，或者至少在后院，被它们袭击致死的确不符合户外死亡的标准，尽管它们看起来很有趣。家狗在野外有近亲，即那些真正的野狗，它们属于犬科，如体形较小、带斑点、有大耳朵的非洲野犬（*Lycaon pictus*）*，也被称为非洲猎犬。

非洲野犬常常5—50只组成一个群落，集体生活。它们是极端的机会主义者，常常跟踪猎物很久，伺机而动，捕猎时成员间通力合作。这种野狗智商很高，它们惧怕人类，通常会刻意躲避人类。然而，当一个人落单时，恰巧遇到了一群饥肠辘辘的非洲野犬，那么这个人很可能会成为这群野狗的晚餐。

致命的原因

非洲野犬群落是一个精诚团结的团队，它们会把人类层层包围。一只非洲野犬急冲而来，你可以迎上去一脚踢开，或者用石头、木棍击打它的鼻子化解危机。但正当你全力对付第一只野狗的袭击时，第二只野狗会悄然而至，用它锋利的牙齿撕掉你腿上的一块肉。一旦你疼痛难忍，摔倒在地，接下来几秒钟一切就将结束：6只野狗蜂拥而至，有的咬向你的胳膊，有的咬向你的腿，还会有一只野狗咬向你的喉咙。不管怎样，作为最虔诚的环保主义者，非洲野犬不会浪费一点儿食物。

生存法则

在野狗之乡，组队旅行。

智者箴言

人多势众，狗多致命。

* 非洲野犬是唯一前肢没有上爪的犬科动物。——译者注

037 | 美洲狮

　　美洲狮（*Puma concolor*）又叫山狮、美洲金猫，它是美国最大的野猫，一种可重达91千克的猫科动物。从加拿大南部到南美洲最南端，美洲狮曾在广袤的森林和田野中信步，但如今，除了在美国西部最荒凉的地区，如佐治亚州和佛罗里达州的沼泽中，偶尔能见到美洲狮踪迹之外，现在已经难觅其踪了。尽管如此，地球上还没有哪一种猫科动物能像美洲狮那样可以适应纬度跨度如此之大、栖息环境如此复杂的生存条件。

　　毫无疑问，美洲狮绝对不想见到人类。然而，随着美洲狮的栖息地被人类不断侵扰，它们普遍开始把人类视为食物来源的现象也自然地发生了（变得合情合理）。

当被逼入绝境时，美洲狮会发动攻击，此时它们会耳朵后仰，咆哮，猛摇尾巴宣战。与所有的猫科动物类似，美洲狮会因为简单的好奇而被人类吸引，但一旦受到惊吓便会引发杀戮。

致命的原因

美洲狮很强悍，长着长而锋利的爪子和长而锋利的牙齿。像大多数掠食者一样，美洲狮会悄无声息地来到你身旁，不让你感觉到杀意。然后，一个猛冲，咬住人的脖子，将人拖到地上，受害者可能永远也猜不出是什么要了自己的命。

生存法则

面对步步逼近的美洲狮，千万不要逃跑，尽力表现得凶悍而且看起来很难被吃掉。拿起棍子、石头或其他能拿起的武器。如果它脚步不停，试着大嚷大叫，向它扔东西，同时咧嘴龇牙。如果它仍然不断靠近，你要主动发起进攻，切记不要被它的爪子伤到。如果它攻击你，奋力反抗，猛击它的眼睛、鼻子和耳朵。

智者箴言

好奇害死猫。

038 大象

　　曾经有超过350种大象在地球表面平静地游荡，不受太多干扰，没有太多烦恼。如今只剩2属（非洲象属和象属）3种（非洲草原象、非洲森林象和亚洲象）。*作为完全素食主义者，大象每天要吃掉大量的草、树叶、小树枝以及水果，每24小时进食181千克，在吞咽之前大象要用4颗臼齿将食物磨碎。大象是天生的群居动物，它们生活和迁徙时成群，有着牢固的家庭关系，雄象成年时会离开象群独自生活，在交配季会回来进行短暂探访。

　　一头成年雄性非洲草原象（*Loxodonta africana*）肩膀处可高达3米，体重超过6吨。它的象牙，即细长的上颌门齿，会一直生长，已知最长的达3米，每一颗重达104千克。它们可以以32千米/时的速度长途奔袭。虽然性情温顺，但超出忍耐极限后它们也会发飙。一头被激怒的雄象（有时雌象也会被激怒），不管是非洲草原象还是亚洲象，不会因为已经确认冒犯者死亡而平息怒火。

致命的原因

　　大象可以通过摆动鼻子嗅到你散发到空气中的气味，然后径直奔向你，张开两只大耳朵，不放过你发出的任何细小的声音。当它跳着笨拙的舞蹈，沉重的身躯左摇右晃地向你冲来，那双几乎失明的眼睛中闪烁着潮湿的光芒。在你意识到它向你发起冲锋之前，灰尘已在它的前胸和双腿间弥散开来。此时，之前的笨拙姿态突然在快速的行进间消失殆尽，随之而来的是刺耳的尖叫声和令人心脏骤停的强劲气浪。如果你的心脏开始恢复跳动，恐惧让你开始奔跑，你的逃亡也只能坚持极小一段路，然后大象的鼻子就会缠住你的腰，把你举过头顶。你会被狠狠地摔在地上，就此终结对生命的所有幻想，但这仅是开始。大象喜欢把猎物牢牢地按进泥土里，用粗壮的鼻子把猎物撕成两半，每一半都会被有条理地碾碎，直到没有一块完整的骨头。满足之后，大象会举起鼻子，吹响象征胜利的号角。

生存法则

如果被大象攻击，扔掉帽子或衬衫以分散大象的注意力。如果可能，爬上一棵粗壮的树。如果以上措施都不管用，试着站直不动。大象有时会因为惹怒它的对象突然不动而放弃进攻。

智者箴言

大象越大，你摔得越重。

* 大象是科特迪瓦的象征，科特迪瓦足球队被称为非洲大象。——译者注

大猩猩

　　被称为类人猿的灵长目高等动物成员主要包括黑猩猩、猩猩和体形最大的大猩猩。其中，山地大猩猩和低地大猩猩都仅生活在非洲大陆赤道附近，虽然长得比绝大多数人类矮，但它们的体重却比人类重几百千克，臂展可达2.7米。大猩猩力量惊人，并且智力非凡，但它们残害和毁坏的能力远远超出它们的安静与温柔。虽然有能力摧毁任何事物，但大猩猩更热衷于残暴地怒视，强壮有力地吼叫，以及用硕大的拳头在它那结实的胸口威武地反复重锤。大猩猩一生中大部分时间都是四肢着地，包括两只脚和两只手的指关节。它们会以生动的方式向你猛冲而来，但发生真正意义的身体接触却极为罕见。一旦它们用这种方式进行虚张声势的攻击，那些面对它们的猎物便落荒而逃了。

致命的原因

如果你挥拳抵抗，可能会给大猩猩来一个令人敬佩的侧击，或者直接被大猩猩一口咬住，你将要面对的是巨大的牙齿和强有力的下颌肌。之后大猩猩很可能松开口，如果此时你还有意识并有能力抵抗，你或许还可以对你攻击的大猩猩的反击进行回击，而很可能你就此被彻底击垮，也许这就是命运使然。

生存法则

让自己更像一只大猩猩。

智者箴言

不要画蛇添足（适可而止）。

040　北美灰熊

　　从白令海峡到墨西哥北部，巨大的棕熊曾统治了北美几千年。如今，它们大多躲在阿拉斯加、加拿大西部和美国西部的一些荒野之地，时常被枪声、恐惧感以及人类的贪婪索取扰乱心神。

　　北美灰熊（*Ursus arctos horribilis*）是一种内陆棕熊，体重超过454千克，肌肉群发达，全力奔跑时速度可达56千米/时。肩膀处隆起的大肌肉块成为北美灰熊区别于其他种类熊的主要标志。北美灰熊脚掌巨大，爪尖不能像猫科动物那样收回到爪鞘里。它的食量同样巨大，且属杂食性，每天吃的食物中80%为蔬菜和水果，另外的20%是肉类。北美灰熊极少攻击人类，除非它们感觉到了威胁。但在极个别的情况下，一只北美灰熊也会毫无征兆地袭击人，也许它仅仅是想吃一顿快餐。在某些画家笔下，北美灰熊异常残暴，它们被描绘成正挥动前臂巨掌猛击人类的样子。但实际上，北美灰熊一生绝大多数时间都是四肢着地，发动攻击时也是利用四肢。它们的爪子主要用于采集食物，其次用于猛击猎物。它们的尖牙用于杀戮以及撕咬，然后大快朵颐。

致命的原因

逃跑是最能激励北美灰熊发动攻击的方式。追逐则是它们钟爱的主要娱乐方式之一。北美灰熊可以长时间高速奔袭，一旦追击成功，它们还喜欢和猎物进行摔跤比赛，很可能是因为在这一领域北美灰熊基本无敌。如果猎物反抗，北美灰熊会像得到鼓励一样开始战斗。

生存法则

千万别跑！站直了，直面它。它很可能虚张声势一阵，然后悻然离开。如果它攻击你，你可以装死（但不能总装死），它可能会觉得扫兴，也便对你失去了乐趣。装死时面朝下躺着，用双臂罩住头部和脖子。如果它把你翻转过来，你就顺势接着翻滚，直到脸再次朝下。确保它走远了，你再起来。

智者箴言

如果你赢不了，就别和它玩了。

041 河马

　　曾经，河马(*Hippopotamus amphibious*)喜欢摇晃着肥胖的身躯悠然自得地在非洲大陆上四处游荡。但如今，河马只能蜷缩在附近有开阔草地的浅水区域画疆自守。例如，津巴布韦境内的赞比西河流域就是河马聚居地。

　　整个白天它们都腻在水里，啃食水生植物，晚上上岸觅食，以陆生植物为食，如草。河马平均每天需要摄入23—41千克食物来维持它们1360—4080千克的体重，在极端的例子中，一只河马一天能吃掉68千克草。有报道称，河马有时也吃肉。河马是群居动物，一旦有人类入侵它们的领地，便会引发雄性首领或者正处哺乳期的雌性河马*的攻击。在非洲，河马或许是最危险的动物，河马每年杀死人类的总数超过了其他哺乳动物的总和，包括狮子、大象和水牛。

在水中，河马极具攻击性，可以轻而易举地游过任何人类，咬断一艘小船更是信手拈来。实际上，河马并不擅长游泳，当水没过头部时，它们便会立即潜入水底。在水底，河马行走自如，而且一次潜水可以超过5分钟。在陆地上，被激怒的河马全力奔跑时速度可达72千米/时。

致命的原因

河马通过打哈欠发出警告。在它那张可怕的大嘴里，长着又锋利又长的犬牙，由强有力的颌部肌肉牵动，在超过8890牛顿的外力作用下依然能够张合自如。

生存法则

在水里留给河马足够的领地。在陆地上，你不可能跑得过心意已决的河马，但还是要跑，因为这样做很可能让它们觉得追击你索然无味。

智者箴言

智者止于警告。

---

* 为了防止被雄性河马伤害，或者受到鳄鱼攻击，小河马出生后，雌性河马常独自带着小河马远离群体生活一段时间，而此时的雌性河马极具攻击性。——译者注

042 鬣狗

鬣狗（Hyaenidae）是一种食腐动物，常被形容为仅会在人类营房之外苟且偷生的胆小鬼，它们疯狂的笑声可以穿透非洲大陆最黑暗的夜晚。鬣狗比较聪明，是严格的肉食者，而且，即使确实是食腐动物，它们也能单独或组队攻击人类。

鬣狗咧开大嘴嘻笑，背部明显向臀部倾斜的样子看起来像极了狗，但实际上它们更像猫。因为长有动物界最强力的颌骨，鬣狗能够轻松地咬断骨头，以此抗衡那些面相更加凶残的哺乳动物的獠牙。它们的足迹曾遍布欧洲、亚洲和非洲大部分地区，目前仅活跃在非洲、印度以及近东地区局部。

致命的原因

鬣狗的饮食习惯极端恶劣，包括明显的既吃即走：它们会趁你不备，一下子冲过来撕掉你脸上（肛门处）的肉（它们喜欢的目标），然后窜进灌木丛中大快朵颐。如果你身形过小，它会咬住你的腿或者胳膊，蹿跳着把你拖走。你的尖叫声会划破夜晚的宁静，与鬣狗的笑声显得那么格格不入。

生存法则

鬣狗从未专心致力于伤人，它们仅仅是极端的机会主义捕食者，我们一定不能对它们掉以轻心。如果你攻击性极强，它们就会避开你。

智者箴言

谁笑到最后，谁笑得最好。

043 美洲豹

目前，在美国西南部，美洲豹（*Panthera onca*）可能已经完全灭绝。但它仍然顽强地生存着，成为西半球存活的唯一豹属成员。你可以在墨西哥南部地区发现它们的踪迹。美洲豹全身呈黄色，偶尔有深色个体出现。美洲豹身上长满了黑色斑点，但腹部却是一片雪白。在猫科动物中，美洲豹的体形仅次于狮子和老虎，位列第三位。在巴西南部，成年美洲豹的体重能超过136千克。从鼻子到尾巴根，个体美洲豹平均身长超过1.8米，但它们仍然相对短。说到短，就其体形而言，它们的腿不算长。但短腿有助于美洲豹放低重心紧贴地面，神不知鬼不觉地接近猎物，虽然腿短，却非常擅长攀爬高树以及在宽阔的河面上肆意畅游。同样令人惊叹的是它们强大的咬合力。一只饥饿的美洲豹可以撬开乌龟的壳，进而收获一顿美餐，这一点连狮子和老虎都做不到，或者说至少不会选择那样做。美洲豹从来没有被视为吃人动物，但在极少数情况下，它们也会袭击并残忍地杀死人类。

致命的原因

大多数猫科动物喜欢攻击猎物的脖子，而美洲豹则喜欢咬碎猎物的头骨和大脑，在巴西，最可能发生这样的事情，因为那里的猫科动物体形更大。而在南美洲北部地区，美洲豹攻击人脑的事件时有发生。

生存法则

如果美洲豹没咬到你的头，它的尖牙很可能就此埋进了你的肩膀。现在是你反击的好时机，尝试猛击它的眼睛和鼻子。与对抗其他大型猫科动物类似，如果你还没被咬伤，可以试着站直身体，高举双臂，发出很大的声响，然后慢慢后退（见"030孟加拉虎"）。保持与美洲豹对视，千万别跑。你还可以试着戴上橄榄球头盔。

智者箴言

不要对嗥叫置之不理。

044 金钱豹

金钱豹（*Panthera pardus*）有9个亚种*，是地球上分布最广的大型哺乳动物之一，从非洲大陆南部向北至俄罗斯，从马来西亚到以色列，从海平面以下的低地到海拔5486米以上的高原均有分布。在地球上经常猎杀并吃人的所有猫科动物中，金钱豹是非常特殊的存在。作为体形最小的食人兽，金钱豹的体重可能只有54千克，按单位重量标准衡量它却是最强悍的，能在杀死一个68千克重的人类后拖行6.5千米，动物专家说，金钱豹非常聪明，它们能读懂人类的思想。所以，没有任何一种猫科动物能像金钱豹那样可以使猎人更有可能成为被捕猎者，甚至被吃掉。

致命的原因

金钱豹具有极其敏锐的夜视能力，它会悄无声息地慢慢靠近猎物，伺机一跃，扑向猎物的喉咙，不管是羚羊、水牛还是人。如果金钱豹从背后攻击得逞，猎物的脖子很可能会被一口咬断。如果正面进攻得逞，猎物的气管会被扯断，进而窒息致死。不管哪个方式，金钱豹口中那4颗又长又锋利的犬牙咬进猎物皮肤中的速度比木匠用钉子枪钉钉子的速度还要快。金钱豹猎杀猎物的方式极其残忍，它习惯用后爪在猎物伤口处反复撕扯，并用像锋利匕首一样的尖牙切碎，直到猎物内脏散落一地。如果那个不幸的猎物是人，幸运的是，他不会有机会目睹如此惨剧。

生存法则

不要在天黑之后出没于金钱豹的地盘，因为它们是夜行猎食者。和遇到所有猫科动物一样，看见金钱豹出现，你完全有机会把它赶走。

智者箴言

小心驶得万年船。

*2001 年，Uphyrina 等人在 Miththapala 等人于 1996 年通过 DNA 分析制定的 8 个亚种基础之上，通过研究划分出了第 9 个亚种，这 9 个亚种现今被大多数专家所接受。——译者注

045 狮子

　　除了最茂密的森林和最高的山脉，以及向北进入欧洲和整个近东地区之外，狮子(*Panthera leo*)曾经以国王（和王后）之姿肆意地徜徉在整个非洲大陆上。如今，狮子几乎只生活在开阔的灌木丛和热带稀树草原上，也就是非洲大草原上，从不进入丛林，另外，在印度的吉尔还有一些残存的狮群。体重可达90—180千克（甚至更重），向上可跳跃6米或者更高，狮子并不是最大或最强壮的猫科动物，这些殊荣属于它的近亲西伯利亚虎（见"052西伯利亚虎"）。在狮群中，雌狮主要负责狩猎，它们主要在黎明、黄昏和夜间进行捕猎，往往会选择猎物群中行动缓慢、瘦弱的个体作为攻击目标。除了那些对人有特殊嗜好的偶尔吃人的狮子（几乎都是雄狮流浪汉）之外，绝大多数狮子更喜欢吃味美多汁的羚羊以及可口的牛羚。一旦食物短缺，把用两只脚行走的灵长类动物作为午餐将成为它的保留项目。由于缺乏耐力，狮子只能进行短距离快速冲刺，但通常这已经足够。

致命的原因

一个猛冲加一个跳跃，狮子就能与还在颤抖的猎物身体来一次亲密接触。在经历由强壮有力的前爪完成的惊人一击之后，狮子锋利的长牙随即便会扎进猎物的脖子里。只一口，脖子就会被咬断，你的所有那些对生活的兴趣会比出膛后高速行进间的子弹消失得还要快，最后剩下的仅是一两下无助的抽搐和踢腿。通常，狮子每一餐能吃掉27千克食物。

生存法则

如果狮子攻向你，记着要围着它跑。专家说，这是人类最佳的逃生方式。如果失败了，全力反击，同时通过大声尖叫(通常是自然发出的)来迷惑狮子——尽管这可能是徒劳的。

智者箴言

在狮子的地盘，你要和速度较慢、体质较弱的人一路同行。

046 獴

提起Rikki-tikki-tavi这个名字，一定会勾起数百万人的集体回忆，因为他们肯定读过鲁德亚德·吉卜林所著的那本《丛林奇谭》，或者他们听到有人谈论过最著名的猫鼬大战眼镜蛇的故事，或者他们看到了关于这个故事的动画片。Rikki实际上是一只獴（獴科动物的统称），在《狮子王》中的Timon（丁满）也是，尽管Timon和它的近亲通常被称为猫鼬。它们是目前确认的獴科动物（Herpestidae）家族34个成员中的两个。它们的长脸酷似鼬鼠，耳朵很小加上腿短，很容易让人误认为它们就是鼬鼠，但它们却是像猫一样的食肉动物。獴科动物遍布整个非洲，也经常出没于亚洲南部，在斐济和波多黎各的一些岛屿中，也能发现它们的踪迹。根据不同的物种划分，它们的体重从0.3千克的侏獴（*Helogale parvula*）到5千克的白尾獴（*Ichneumia albicauda*）不等。獴通常为纯深棕色，或浅棕色，或灰色，或淡黄色，同时身上长着带状的浅色和深色条纹。可以预见的是，闪电般的反应速度保障了它们在攻击并杀死毒蛇的过程中游刃有余。作为食肉动物，它们的菜谱中包括很多啮齿动物、鸟类、蜥蜴、蛇、蛋和已经死了一段时间的动物的肉。虽然很少，但有详细的记录显示，獴会杀死人类并部分地吞食。

致命的原因

客观地说，獴通常会回避人类。但在旱季，或者食物短缺时，这种毛茸茸的小家伙也会攻击瘦弱的人类，比如小孩。如果可能，它们会跳到人身上狠狠地啃咬脖子，伤者会流血致死。獴也容易传播狂犬病（见"112狂犬病"），发狂的獴伤人致死事件时有发生。

生存法则

常识告诉我们，留给所有的獴足够的空间，尤其是当你很小的时候。如果被獴咬伤了，立即用肥皂和清水使劲冲洗伤口，起码10分钟，然后赶紧去找医生帮忙。

智者箴言

不在于有多大，在于有多饿。

047 | 驼鹿

鹿随处可见，种类繁多，大小不一，遍布于世界各地。在所有的大型哺乳动物中，鹿通常是最后一类逃离人类蚕食的物种，这说明它们要么非常勇敢，要么非常固执，要么不太聪明。然而，在世界上大多数地区，鹿都被大量猎杀，于是它们变得相当害怕人类。大多数情况下，当人类接近时，它们会马上逃跑。

蹄子异常锋利，体重甚至超过680千克，硕大的鹿角宽达2.4米，驼鹿（*Alces alce*）是鹿科中体形最大、身高最高的成员。在交配期，雄驼鹿经过竞争最终得到雌驼鹿垂青后会特别容易被冒犯，任何不速之客的任何一点儿风吹草动都会引发它的攻击。被粗心的猎人误伤的驼鹿经常试图反杀猎人。在国家公园里，游客们经常认为野生动物已经丧失了野性，殊不知已有报道证实，愤怒的驼鹿会攻击汽车，击沉水里的小船（驼鹿大部分时间都在水中度过），甚至杀死人类。

致命的原因

低垂着头，张开鼻孔，放平耳朵，耸起毛发，此时的驼鹿正在发怒。冲锋时头朝下，蹄声轰鸣响彻荒野，发动猛攻时的驼鹿让人毕生难忘。狂奔中的驼鹿顶着巨大鹿角冲向猎物，一个猛烈撞击后，猎物血肉横飞，被抛入空中。一旦猎物被制服，驼鹿基本不会放弃用蹄子再最后践踏几次，只是为了证明它不喜欢别人的惊扰。通常，驼鹿不会因为猎物死去才气消。它们经常会在猎物还有气息时离开，但无论猎物最终是死是活，都已经变得一团糟。

生存法则

永远，永远不要靠近驼鹿，即便它们看起来很温顺。如果驼鹿攻击你，找一棵大树或一块大石头把它隔开。这可能要相持一段时间，但最终驼鹿会厌倦这种"猎杀不速之客"的游戏。

智者箴言

数准一点。

048 | 北极熊

　　熊遍布世界各地，作为地球上分布最广的一类哺乳动物，它们外表很相似。但只有北极熊(*Ursus maritimus*)生活在北极圈周围，所以在所有共享北极圈的国家内都有北极熊出没，而且只有北极熊完全是肉食主义者。这些毛茸茸的白色或黄白色熊已经完全适应了它们周围那白茫茫的冰雪景观。北极熊是世界上最大的陆地食肉动物（身长3米，体重726千克），它们生活在人迹罕至的恶劣环境中，几乎不惧怕人类。在饥饿驱使下，如果北极熊不得不吃一些不如肥海豹（主要是皮肤、鲸脂和器官）美味的东西填饱肚子，那它们会毫不犹豫地选择人类作为午餐。北极熊能嗅出方圆32千米内鲸脂、海豹或人类的气味。它们偶尔也会咆哮或者发出刺耳的声音，但绝大多数情况下北极熊都很安静。同样，北极熊会悄悄地接近猎物，然后迅速扑向目标。如果有必要，但不是首选，它们会以40千米/时的速度追捕猎物，为了准备下一餐。它们非常擅长游泳，因此可以捕捉到海鸟，甚至有报道称曾有一只北极熊为了吃一个碰巧经过的看起来可口的因纽特人而弄翻了船。

致命的原因

通常在两种情况下北极熊会攻击人类：（1）你的出现使北极熊受到了惊吓，通常是在北极熊妈妈带着孩子闲逛时，此后的你会受到北极熊强有力但基本上不会致命的拍击，目的是警告你赶紧离开。（2）你被当成了午餐，来自北极熊利爪和尖牙的攻击，会使人瞬间丧命。而当你被最终寻获时，很可能早已尸骨无存。

生存法则

旅行时组个大队伍，永远不要落单。遇到北极熊时，齐心协力发出巨大的噪声。

智者箴言

总是和跑得比你慢的人一起徒步旅行。

049 犀牛

犀牛是地球上有史以来最大的陆地哺乳动物——巨犀的后代，据记载，巨犀肩高至少有5.5米。犀牛和马是近亲，但前者的皮更厚，鼻子上长着一个或两个角。目前，犀牛是世界上最大的奇蹄目动物。虽然地球上曾经有数十万只，但现在犀牛的数量比北美野牛还少。犀牛（rhino）的名字来自希腊文单词*rhinokeros*，意指"鼻子的角"，目前，犀牛有5个种：印度犀（*Rhinoceros unicornis*）、爪哇犀（*Rhinoceros sondaicus*）、苏门答腊犀（*Dicerorhinus sumatrensis*）、白犀（*Ceratotherium simum*）和黑犀（*Diceros bicornis*）。所有种类的犀牛都是近视眼，而且脾气暴躁，嗅觉敏锐，当它们突然发飙高速冲锋时，挡在它们身前的所有路障都会遭到无情践踏。其中，非洲黑犀被认为是致死率最高的动物之一。

犀牛对特别的声音（比如相机的咔嚓声，被风吹过后草发出的沙沙声）或者发出特殊气味的物种（比如人类）的第一反应常常是冲过去一探究竟。众所周知，它们能以56千米/时的速度全速冲向越野车、公共汽车甚至火车。有一个坊间传闻，躲避犀牛的攻击要等到最后一刻。其实这样根本不可行！犀牛马力全开全力冲锋时，可以灵活地破开10美分硬币，给你找零5美分。而且，犀牛还有一个令人无比厌恶的习惯，一旦进入攻击范围，它们就会晃动着大角左摇右摆。除非你是人猿泰山，否则根本没法轻易逃脱。

致命的原因

被奔袭的犀牛成功攻击的结果很可能是，猎物被挂在角上，抛向3.7米高的空中。如果猎物躲过了犀牛的角，很可能躲不过它那正发出雷鸣声的大脚。无论哪种方式，或者两种方式并举，等到犀牛发现猎物不算啥威胁之时，猎物一定早已撒手人寰，现场一片狼藉。

生存法则

如果你发现自己跑不赢犀牛，就静静地躺在地上吧。当逃跑的猎物突然不逃跑了，犀牛很可能就此没了兴致。

智者箴言

路遥出良邻。

050 豹形海豹

伸展着美人鱼般的尾巴，在地球水域中游动的47种鳍脚类动物（见"056海象"）中，在面对人类时，没有谁能比豹形海豹（*Hydrurga leptonyx*）更凶猛了。在南极和亚南极那些难以接近的地区，雄性豹形海豹体长3米，体重超过272千克，雌性豹形海豹可以长到3.7米长，体重454千克。像所有的海豹一样，豹形海豹天生好奇，但大多数情况下，它们肯定希望与人类毫无瓜葛。鸟类，尤其是企鹅，是豹形海豹最爱的美食。但在食物严重短缺时期，迫使豹形海豹不得不去鱼市捕食，它们也不会反感猎食其他种类的海豹，有些海豹的体形甚至是人类的两三倍。当被惊扰时，尤其是当贪婪的人类想要猎捕它们得到它们的皮时，或者雄性豹形海豹为了繁殖而组建了家庭时，豹形海豹会嗤笑着张开大嘴，露出大牙，但出乎意料的是，它们异常安静。

致命的原因

豹形海豹会猛扑向猎物，并用又长又锋利、向内弯曲的大牙咬住猎物。它们不会咀嚼，却会通过强有力的下颌肌牵引着犬牙按牢猎物，然后晃动脑袋直到从猎物身上撕下能够整个吞下的小块肉。没有足够证据可以证明豹形海豹吃人。但尽管如此，豹形海豹绝对有能力在被人类欺压到忍无可忍时杀人泄愤。

生存法则

豹形海豹身体呈流线型，脖子强壮而灵活，在水中敏捷有力。当它们在陆地或冰面上匍匐爬行时，会非常笨拙。这也就意味着，一个普通的男人或女人应该能跑得过一只愤怒的豹形海豹。

智者箴言

愚蠢的人往往自食后果。

051 海狮

　　与海豹科（Phocidae，又称为真海豹、无耳海豹）动物不同，海狮科（Otariidae，又称为有耳海豹）动物是长有外耳的鳍脚动物。它们的外耳上长着外耳瓣，同时长着超长的前鳍和可旋转的后鳍，这些鳍状肢保证了它们在出海时具有很强的机动性。同样，海狮也擅长在岸上行走。海狮遍布全世界，从冰冷的亚北极到温暖的热带，南北半球上都有它们要么游泳要么踱步的身影。海狮是群居动物，它们会定期在岩石或沙滩上度过一段闲暇时光，一个缓缓挪动的海狮群体中常常有超过1000个个体。整个海狮科可以进一步划分为7个属，包括加州海狮属（*Zalophus*）、澳大利亚海狮属（*Neophoca*）、南美海狮属（*Otaria*）、新西兰海狮属（*Phocarctos*）、北海狮属（*Eumetopias*）、北海狗属（*Callorhinus*）和南海狗属（*Arctocephalus*）。所有的海狮属动物都是大型食肉动物，其中，北海狮（*Eumetopias jubatus*）

是其中体形最大的一种海狮，体重能达到1吨，身长可达3米。它长着大嘴和大牙，有些牙齿很尖，专门用来抓牢猎物。和海豹科动物一样，北海狮也不会咀嚼，它们只会撕掉猎物身上的肉直接吞掉。无论在水里还是岸上，它们都有很强的领域感。

致命的原因

在人与海狮的相处中，人往往是索取方。在历史上，贪婪的人类为了获取海狮（尤其是北海狮）的皮和肉，进行了大肆捕杀，造成海狮数量急剧下降。渔民同样猎杀海狮，因为它们会和人类抢鱼吃。尽管海狮攻击人类的事件有过详细报道，但实际上它们很少伤害人。除非你想靠近它们，3米以内就足够了。它们会攻击皮划艇，通常仅仅发生在交配季节，雄性海狮会因为人类的越界行为而冲过来猛咬一通。如果受伤严重，人便会流血不止而亡。

生存法则

与海狮们保持应有的距离。如果不小心闯入它们的领地，赶紧跑，使出你浑身力气。

智者箴言

尊重别人的私人空间不仅仅是一种善意。

052 西伯利亚虎

目前，生活在地球上的40种猫科动物中，西伯利亚虎（*Panthera tigris altaica*，又称为东北虎）是其中体形最大的一种。它们身长可达3.7米，体重180—295千克。据记载，最大的西伯利亚虎体重达385千克。其毛色艳丽，夏季为棕黄色，冬季为淡黄色，全身布满黑色条纹。西伯利亚虎的皮毛非常长，用来抵抗广袤而寒冷的西伯利亚的严冬。西伯利亚虎有时会在方圆10 360平方千米范围内狩猎，而且它们大部分时间都是独行侠。有记载显示，它们会游走960千米以追踪猎物，如果可以选择，它们会首选鹿或野猪。强悍的力量保证了西伯利亚虎可以负重前行，一次负重的力量可以与十几个壮汉相匹敌。它们每天至少需要吃掉9千克肉才能保证能量所需，一顿饭就消灭45千克肉也是不在话下。它们鲜有机会杀死人类，可能是因为迄今为止，地球上可能只有不到100种动物暂时没有受到智人的蹂躏。

致命的原因

西伯利亚虎是坚定的跟踪狂，它们会悄无声息地匍匐爬行，慢慢靠近猎物，直到距离达到9—24米之间时才会发起冲锋。如果猎物是人，西伯利亚虎会牢牢地咬住人的脖子，而它们的脚会稳稳地踩住地面。如果猎物在最初的攻击之下幸存，西伯利亚虎会再次紧紧抓住猎物直到其窒息而亡。西伯利亚虎会把猎物拖到一个感觉舒适的地方，通常是在水边，然后饱餐一顿。西伯利亚虎会在打盹之前把没吃光的食物埋起来，等它感觉饥饿时再挖出来吃。

生存法则

与它的近亲孟加拉虎(见"030孟加拉虎")不同，西伯利亚虎很少吃人肉。大多数伤人致死事件都是人类猎杀西伯利亚虎失败而导致的反杀。所以，千万别去招惹它!

智者箴言

你可以像猪一样吃，但不要闻起来像猪。

053　懒熊

　　懒熊（*Melursus ursinus*）曾被视为树懒的近亲而被归入树懒科，也因此得名，但实际上它是熊科动物。懒熊浑身长满了蓬松的黑色毛发，包括又长又软的耳朵上。它们头上的毛发就像黑色的鬃毛一样。相反，它们的胸前有一个特别的浅的V形或Y形斑块，口鼻是典型的白色，爪子也是白色的，而且非常长。下吻同样很长，这样保证了懒熊能够很容易地吸食昆虫（如白蚁）。懒熊主要生活在印度次大陆，它们是虔诚的食虫主义者，会吃掉大量的白蚁和蜜蜂（以及蜂蜜），同时也吃水果。它们平均体重达136千克，平日里移动速度迟缓，像极了树懒，每迈一步都步履沉重且气定神闲。然而，一旦激起了它的兴致——它确实经常被激起兴致，懒熊完全有能力追上人类，哪怕那个人正全力奔跑。

致命的原因

在进化的过程中，懒熊认为进攻是最好的防守。虽然你靠近懒熊，它很可能会走开，但事实上，与其他大多数动物相比，它更有可能站在原地，大声怒吼，继而发动攻击。它们会扬起长爪子攻击你的头部，尤其是脸，还会啃咬你的脸。在印度，据说每周都会有人遭到懒熊的袭击。很多幸存的伤者都遭到严重毁容。而且，尽管懒熊偏爱昆虫，但它们杀掉人类当成午餐的事件也并不罕见。

生存法则

在懒熊经常出没的地区晚上不要出门，因为懒熊是夜行动物。遗憾的是，对于如何应对懒熊的攻击我们知之甚少。懒熊可能会把你当成掠食者，所以你伺机逃脱可能有用。如果不幸被抓，奋力反抗也许有用。不管怎么说，祈祷好运吧。

智者箴言

懒惰可不止为七宗罪之一。

54 | 貘

　　在南美洲、中美洲和东南亚的丛林及森林中，生存着已知的4种貘*(都濒临灭绝，都属于貘属)，它们外表很像猪，平时只要有机会，它们就会一直待在水里。貘身长约2米，体重可达318千克，短而灵活的鼻子可以自由伸缩，并能向各个方向移动，这方便了它们获取赖以生存的食物(树叶、水果)，否则将影响进食。貘是犀牛的近亲，嘴中长满了凿子般的坚硬牙齿，牢牢地嵌在坚实的下颌里。

　　貘皮肤厚实，且体形庞大，所以很少会成为食肉动物的猎物，而且它们的速度惊人，尽管看起来不像，但一旦受到威胁，它们就会迅速消失在浓密的灌木丛或水下。当受到威胁或被困在角落，尤其是当幼崽面临危险时，它们就会奋力攻击。

致命的原因

獏咬人。有大量报道记载，獏会造成严重的创伤，甚至咬断人类胳膊。只有在罕见的情况下，獏才会持续不断地攻击人类，伤者因此失血过多而身亡。所以，如果你被一只獏杀死，你的名字可能会被添加到一个非常简短的死亡原因列表中。

生存法则

别威胁獏。

智者箴言

到处打听，**会给你带来大麻烦。

*4 种獏为山獏、中美獏、南美獏、马来獏。——译者注
** 原文 Nosing around 意指獏的鼻子可以灵活转动。——译者注

055 吸血蝙蝠

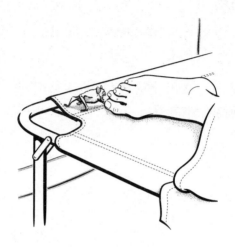

在适应自然的诸多案例中，真正令人叹为观止的是前肢的变化使得哺乳动物可以飞翔，而除了蝙蝠，再没有哪种哺乳动物可以做出这种适应。在地球上已知的900多种蝙蝠中，只有普通吸血蝙蝠（*Desmodus rotundus*）、毛腿吸血蝙蝠（*Diphylla ecaudata*）和白翼吸血蝙蝠（*Diaemus youngi*）这3种蝙蝠是真正的吸血蝙蝠，它们完全靠吸血为生，但从不考虑那些红色液体的来源。从人类到蟾蜍，吸血蝙蝠来者不拒。它们主要生活在美洲热带和亚热带地区。

吸血蝙蝠依靠敏锐的嗅觉、肥大的鼻子中和鼻子下面非凡的热感应器以及回声定位（它们可以发出人类听不见的超声波，根据回声来判断障碍物）来确定方位。它们用呈三角形、尖利的上门齿咬人，喜欢咬人身上充满血液的小块部位，如手指、脚趾，以及鼻子和脸。一旦被吸血蝙蝠咬出V形伤口，它们便会向伤口内注入唾液，唾液中所含的抗凝剂能促使血液保持流动。实际上，吸血蝙蝠并不是用嘴吸血，而是用舌头舔食血液。如果没人打扰它，吸血蝙蝠可以连着舔食20—30分钟。

致命的原因

一只吸血蝙蝠不能让人失血过多而死亡。实际上，即使6只也不能杀死一个人。坦白说，没有人知道多少只吸血蝙蝠多长时间吸食一个人的血液能致死。也没有人愿意让它们吸自己血那么久。其实，最直接的危险可能来自吸血蝙蝠口中携带的病毒（见"112狂犬病"）。

生存法则

如果被吸血蝙蝠咬到，拍打它，或者抓住它扔掉。用肥皂和清水使劲冲洗伤口，最少10分钟，然后赶紧去找医生帮忙。

智者箴言

绝大多数蝙蝠不吸血。

056 | 海象

　　地球上所有的鳍脚类哺乳动物（海豹、海狮和海象）都是食肉动物，但它们仅限于捕食鱼、鱿鱼、章鱼、贝类，偶尔也捕食鸟类。它们对于吃人没有任何兴趣，但它们却很危险，甚至可能会危害粗心人类的生命，无论男女。以海象为例，成年雄性海象可重达1.5吨，雌性海象可重达1吨。

　　两性海象，如大西洋中的海象指名亚种（*Odobenus rosmarus rosmarus*）和太平洋中的海象太平洋亚种（*Odobenus rosmarus divergens*），除了两颗极长的犬牙，即獠牙之外，都长着平整的、能嚼碎软体动物的前臼齿和臼齿。海象主要生活在北极地区，以北冰洋为中心，也包括大西洋和太平洋的最北部一带海域。它们非常聪明，对人类有着强烈的恐惧。

致命的原因

　　在繁殖季节或者母海象身边有幼崽需要照顾时，它们会变得易怒和好斗，经常攻击路人和船只。一旦受到侵害，它们会选在一个合适的地方稍作停留，并伺机报复。海象会突然把自己庞大的身躯抛向你，如果被它得逞，你肯定将被压扁。虽然它们并不会有意地将獠牙对准你，但如果不幸被它的巨大獠牙钩住，你也便丧失了最后的一线生机。

生存法则

它们在岸上爬行的速度并不是特别快。所以，如果在逃命之前你的领先优势足够大，并且脚下没有太多的冰成为障碍，你应该有机会在一只被激怒的海象身边顺利脱险。

智者箴言

露出一口漂亮的牙齿并不一定是微笑。

057 非洲疣猪

　　世界上有大量的野猪，包括美国西南部的野猪、美国东南部的野猪和欧洲野猪。虽然野猪不是完全的素食主义者，但它们从不猎食大型动物，比如人类。然而，它们的确性情暴躁，一旦被惹怒便会大杀四方（见"058野猪"）。来自墨西哥的一个猎人曾回忆说："我被它们逼着爬上了树，这群野猪居然啃咬树干，一个爬到另一个身上，想上来抓住我。我每开一枪，会有一头野猪掉下去，但每开一枪，似乎都会让它们的愤怒增加一分。它们冲过来啃树皮、树干，嘴角淌着白色的泡沫。"

非洲疣猪（*Phacochoerus africanus*）属于疣猪属（*Phacochoerus*），其主要特征是：看起来非常凶悍的脸部两侧（眼部下方）长着疣状的突出物，还长着4颗又大又尖的獠牙，从它们那总是带着讥笑的嘴唇上向上及向内急弯。它们身长0.9—1.2米，通常为红灰色，钢毛似的鬃毛和脊椎都是黑色的。嗅觉敏锐弥补了视力不佳。它们是勇猛、凶残且邋遢的斗士。

致命的原因

当受到威胁，甚至只是有人靠近时，非洲疣猪就会发动攻击，而且经常是成群结队。它们会扭动着强壮有力的脖子猛冲，从左到右，从上到下，来来回回，挥动着獠牙就像城市小巷里拿着刀发疯的醉汉。它们会撕裂人腿部的肌腱，以便让人类看起来和它们一样高。这仅仅是开始，等到它们满意时，可怜的人类可能已经肝肠寸断了。

生存法则

留给非洲疣猪，尤其是它们整个种群足够的空间，而且无论如何不要让它们感觉到威胁。如果受到攻击，快逃，或者爬上一棵粗壮的树。

智者箴言

只从肉店购买猪肉。

058 野猪

　　曾几何时，几乎所有种类的野猪（又称山猪）都是被人类驯服的——也就是说，它们曾是摆脱奴役、四处乱跑的家畜。如今，它们的后代不仅继续胡作非为，而且还在不断繁殖。目前，野猪广泛分布于很多国家和地区，包括美国的45—50个州，据估算，美国境内生存着高达800万头野猪。而它们似乎更喜欢得克萨斯，除了冬天异常寒冷的地方，野猪在很多栖息地都生存得很好。圈养时，野猪体重可超过454千克，而在野外，136千克的野猪就算得上是庞然大物了。它们前躯粗壮，后躯较小，腿较短，巨大的犬牙从嘴中伸出。疣猪（见"057非洲疣猪"）是它的近亲。它们都是未被驯服的野猪（*Sus scrofa*）的后代，都具有攻击性，尤其是被逼入绝境时。野猪袭击人类事件大多数是由一头野猪发起的，但群体攻击事件也有记录。为什么会攻击人类？绝大部分原因是人类的捕猎行为导致了野猪的反击。至于野猪攻击落单之人的原因还未有定论。

致命的原因

　　野猪的攻击常常会造成人类腿部的咬伤，因为这个高度正适合野猪的牙齿为所欲为。如果你就此摔倒，它会啃咬你的腹部，造成大量出血，导致死亡。

生存法则

爬上树, 或者爬上任何东西之上, 远离野猪牙齿的攻击范围。野猪不能爬树。如果无处可爬, 使出你全身力气逃跑。野猪不喜欢奔跑, 因此很可能对猎物丧失了兴趣。

智者箴言

别惹刻薄的野猪。

059 狼

曾经，狼以紧密团结的群体生活方式流浪于世界各地。一般说来，如今的狼群仅存活在偏远的荒芜地带，而且它们的生存越来越艰难。客观点说，人类害怕狼，或者说不喜欢狼，经常猎杀狼群，或者至少毁掉狼群喜欢居住的地方。在北美，仅有美国西部和加拿大为灰狼（*Canis lupus*，欧亚大陆也有分布）和红狼（*Canis rupus*）提供了有限的栖息地。之前红狼曾广泛分布于美国东南部，当下已经几乎灭绝。灰狼体形比红狼大，体重超过45千克，毛色不一定全为灰色，也可能为棕黄色、棕色、黑色，甚至白色。

狼袭击人类的事件比较少见，如果对成为狼的猎物感兴趣，可以到北美的郊外地区试试运气。在20世纪下半叶，据报道南亚约有200人死于狼咬，但在同一时期，西半球只有2人遭此不幸。

致命的原因

狼为了生存而捕猎，遇到猎物时通常会群起而攻之。一群饥饿的狼——用"饿得要死"形容可能更合适，会围着猎物，轮流冲上前咬上一口。最终猎物被拖到地面上，狼会蜂拥而至，集中咬向头和脖子。疼痛感瞬间袭来, 但不会太久, 狼嘴中由强有力的下颌牵引足以咬断大骨头的尖利牙齿很快便会咬断猎物的骨头, 猎物将瞬间被狼群分食, 只剩下狼嘴中溢出的鲜血。

生存法则

奋力反击! 狼习惯于它的"晚餐"试图逃跑, 而不喜欢"晚餐"用棍子和石头猛击它的鼻子。

智者箴言

"狼吞虎咽"可不止一个意思。

HOW TO DIE IN THE OUTDOORS

第4部分

胆大妄为的鸟

所有鸟类的身体（温血）上都长着羽毛，还长着轻巧且坚固的骨骼，喙里没有牙齿，雌鸟会下硬壳蛋。目前，有超过10 000种鸟翱翔在世界各地。它们中的很多成员长得很漂亮，而且能唱非常动人的歌。几乎所有的鸟都会飞，几乎所有的鸟都无害，而且几乎每个人都认识一些鸟。但也有例外，一些大型的鸟生气时也能杀死人类。

060 鹤鸵

　　鹤鸵（又叫食火鸡，共有3个种*）是鸵鸟和鸸鹋的远亲，也是为数不多，甚至可能是唯一一种会刻意攻击人类的鸟类，它们只生活在澳大利亚、新几内亚和邻近岛屿。鹤鸵身高超过1.8米，可以算得上是世界上最危险的鸟类之一。它的羽毛呈墨绿色，松散且粗糙，如同浓密的毛发一样垂向下方，感觉就像是对生活失去了乐趣。鹤鸵的头颈部色彩艳丽，通常呈蓝色，也有其他颜色可见，头顶有高而侧扁的、呈半扇状的角质盔，用途未知。鹤鸵的翅膀太小，因而无法飞行。成年鹤鸵体重可达59千克，强壮有力的双腿在地面上奔跑时速度极快，脚掌末端的3个脚趾上长着又长又直、又强又尖的爪子。其中，中间脚趾上的爪子长达13厘米，像匕首一样锋利。由于鹤鸵实行一夫一妻制，而且一对配偶在繁殖期通常一起生活，所以，当你看到单独一只鹤鸵闲逛时，通常没那么简单，另一只很可能正在附近埋伏。为了捍卫"飞"的荣誉而变得歇斯底里的鹤鸵显得有点愚蠢，同时，当喋喋不休、天生好斗的它在荒野中受到惊扰时会不顾一切地发起进攻。

致命的原因

在扑向猎物之前，鹤鸵会在一个精确的时间点突然跳到空中，然后用它们刀一样的爪子向下猛击。猎物身体的任何部位碰到它的爪子都会被撕开，就像我们撕开玉米片零食袋一样简单。鹤鸵的攻击持续且令人惊恐，这取决于猎物的抵抗能力。通常，在鹤鸵的猛攻之下，猎物迟早会肝胆俱裂。

生存法则

如果突然对明天心存渴望，那就放下能跑得过鹤鸵的念头。试着扑倒在地，蜷缩起来，用手臂遮住重要部位，并默默祈祷好运吧。

智者箴言

物以类聚。

* 包括双垂鹤鸵（*Casuarius casuarius*，又称南方鹤鸵）、单垂鹤鸵（*Casuarius unappendiculatus*）和侏鹤鸵（*Casuarius bennetti*）。——译者注

061 鹰

　　"鹰"是人们经常听到的名字，即使在费城之外*也是如此。我们所说的鹰科动物（即鸟类中的鹰），全世界至少有60个属，230多种。其中，有两种原产于北美，即白头海雕（*Haliaeetus leucocephalus*，又称美洲雕）**和金雕（*Aquila chrysaetos*）。所有的鹰都属猛禽，长着巨大的翅膀，能以惊人的速度俯冲。以白头海雕为例，它能以160千米/时的速度向地面的猎物猛攻。它们巨大的体形、迅猛的速度以及由强健的肌肉牵动着的利嘴，可以轻而易举地控制住猎物，撕破它们的皮肉，另外，它们能用几乎可以捏碎骨头的锋利爪子钳住猎物。因此，对于人类而言，鹰是极具威胁的鸟类。当猎物被鹰爪抓住时，杀戮便要开始了。除了要忍受嵌入体内的鹰爪巨大的挤捏之力外，鹰的利嘴用力地撕扯脊椎才是更大的杀伤。

致命的原因

　　现在让我们陈述一个事实：目前，没有记录显示有人命丧鹰嘴。但是，可能性一直存在。那些重达5.4—6.8千克，飞行速度接近160千米/时的鹰，一旦撞上人的头部便会使人丧命。有目击者曾拍下鹰将体形比自身大得多的猎物拽下悬崖，目送猎物跌落，然后飞下去享用大餐。鹰可能不会当面吃掉你，但很可能会在陡峭的悬崖边弄得你失去平衡。然后，在你手忙脚乱险象环生时给予你致命一击。理论上说，鹰完全有能力撕碎人的喉咙。

生存法则

千万别惹怒鹰。

智者箴言

待人宽容如待己。

* 成立于 1933 年的费城老鹰队是美国橄榄球联盟在宾夕法尼亚州费城的一支球队，于 2018 年 2 月 4 日取得队史上首个"超级碗"。——译者注
**1782 年 6 月 20 日，美国国会通过决议立法，选定白头海雕为美国国鸟。——译者注

062 非洲鸵鸟

　　鸟类与爬行动物的区别并不大，它们和温血蜥蜴很相似，只有一些很小的差异，比如鸟类没有鳞片而有羽毛。鸟的大脑非常小，这就诞生了"鸟脑"这个词，简言之，意指不太聪明。大多数动物在面对比自己体形大的敌人时，通常会选择回避，但鸟类却不一定。如果心意已决，哪怕是很小的小鸟，也会一次又一次地飞扑过去发动攻击。通常，这对于人类来说不算什么，除非那是一只很大的鸟。

非洲鸵鸟（*Struthio camelus*），非洲大陆上不会飞的大鸟，是世界上最大的鸟类。这种黑白相间的大鸟跑得极快，身高接近2.4米，体重约136千克。由于非洲鸵鸟羽毛珍贵，肉质鲜美，使得目前世界各地的非洲鸵鸟养殖基地如雨后春笋，包括在美国。非洲鸵鸟是少数几种会主动攻击人类的鸟类之一，原因可能仅仅是因为心情欠佳。当交配季节来临，公鸵鸟被一些动物专家定义为地球表面最不稳定和最危险的动物之一。

致命的原因

非洲鸵鸟会用它那活塞一样的腿完成力道十足的向前一踢，鸵鸟腿的下半部分实际上是坚硬的骨头，末端只有两趾，内趾较大，上面长着锋利的爪子。如果赶上非洲鸵鸟心情不好，并且被它逮住机会，它便会肆无忌惮地踢来踢去，撕扯出猎物的内脏，扔在地上又踩又踢。

生存法则

有趣的是，非洲鸵鸟，即使是处于发情期歇斯底里的公鸵鸟，也不会踢或踩平躺在地上的人类，尽管它们可能会啄你一会儿。

智者箴言

保持低调是有道理的。

063 | 美洲鸵鸟

美洲鸵鸟又称三趾鸵鸟，包括大美洲鸵（*Rhea americana*）和小美洲鸵（*Rhea pennata*）。当以65千米/时的速度全力奔跑时，它们的翅膀时而张开时而合拢，就好像它们希望自己能起飞一样，但遗憾的是，它们不能。和非洲鸵鸟一样，美洲鸵鸟也不能飞。美洲鸵鸟和非洲鸵鸟外表相似，脖子长，腿长，只是前者昂起头时身形略小。成年美洲鸵鸟身高约1.7米，体重接近41千克。作为南美的本土动物，从巴西和秘鲁出发一直穿过玻利维亚和阿根廷，它们扇动着灰褐色、看起来破破烂烂的羽毛在开阔的草原上肆意驰骋。出乎意料的是，20世纪90年代，有一两对美洲鸵鸟夫妻在德国逃脱，之后，100多只美洲鸵鸟便在那里繁衍生息。如果你瞄一眼美洲鸵鸟的脚，只能看到它的3个前趾，每个前趾的末端都长着一个粗壮的脚指甲，它们不像大多数鸟类那样有一个后趾。有趣的是，美洲鸵鸟实行一夫多妻制，公鸵鸟会把几只配偶母鸵鸟下的蛋聚集在它自己在地面上筑的巢里，然后坐在上面孵蛋，直到幼崽破壳而出。这段时间的公鸵鸟会变得异常暴躁和好斗，会主动攻击任何靠近巢的外来动物，哪怕是母鸵鸟，此时它的强壮有力的腿和又长又锋利的脚趾会特别危险。

致命的原因

和非洲鸵鸟（见"062非洲鸵鸟"）一样，美洲鸵鸟有足够的本事踢开敌人的肚子，扯断内脏。幸运的是，美洲鸵鸟通常比较胆小，比起战斗，它更喜欢逃跑。但为什么要去招惹它呢？

生存法则

你绝跑不赢美洲鸵鸟，但如果及时撤退很可能打消它的敌意。如果它怒火未消，赶紧趴到地上，脸朝下，用手臂护住头。

智者箴言

握住一只鸟有时候会糟糕透顶。

HOW TO DIE IN THE OUT-DOORS

第5部分

水中的意外

　　最终，人类需要浮出水面呼吸，而生活在深海(或浅海)的生物，除了鲸鱼等少数物种以外，则不需要，它们能屏住呼吸的时间比人类长得多。无法呼吸绝对是人类在水中死亡的最主要原因，但还有更多。很多水生生物会致人死亡，包括某些生物巨大的牙齿和其他生物可能导致人类失血过多的某些部位，以及有些生物含有的致命毒素。

064 梭鱼

　　地球上广布的热带和亚热带海洋为22种动作迅捷、金梭鱼科肉食性鱼类提供了广阔的栖息地。这些鱼类统称为梭鱼，但几乎没有例外，它们很少侵扰人类。但有一个特例，一种叫作大鳞鲟（*Sphyraena barracuda*，又叫巴拉金梭鱼）的大型梭鱼，身长可达1.8米，巨大的嘴里长着两排异常锋利的牙齿，因为会攻击甚至杀死人类而颇有名气。梭鱼天性好奇心重，能通过目光所及锁定方位。自然造就了梭鱼在水中的超凡速度，保证了它们可以突然之间出现在猎物面前完成猎杀。虽然它们攻击人类的次数比鲨鱼少，但因为速度快、力度大，一条1.5米长的梭鱼就能轻松咬掉人的某些器官组织，使人因此丧命。

致命的原因

人一旦被梭鱼咬伤后，伤口会很深且破烂不堪，往往来不及逃回船上或岸上，就已经因为流血过多而死亡了。

生存法则

梭鱼根本不在乎猎物美味不美味。虽然最终无法预测，但它们因受到刺激而攻击人类的原因和鲨鱼咬人的原因差不多：（1）水太混浊，导致梭鱼分辨不清你是常规的食材还是新的菜品，可能比平时的午餐块头大，这样可能让它对你没有好感。（2）你正穿着一套华丽的泳衣，或者携带着闪闪发光的水下设备，在梭鱼看来，这些看起来貌似其他鱼类的肚子，换句话说，恰好是一顿午餐。（3）你是个垂钓者，或者是个捕鱼者，正背着一大串正流着血的鱼，这很有吸引力。（4）你一直在打扰梭鱼，或者想抓住它，或者仅仅是不经意间游得太近使它感觉不舒服。还有一点，单独行动的大型梭鱼比在学校里用于观赏研究的梭鱼攻击性更强。所以，为了防止被袭击，以上提及的各点应极力避免。

智者箴言

放学后，回家。

065 牛鲨

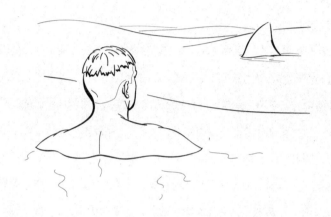

　　出于娱乐和赚钱的目的，人类一年捕获鲨鱼的数量高达一亿只，令人震惊。让人心痛的是，很多鲨鱼被人类割掉背鳍后扔回大海，最终死亡。难怪有些鲨鱼，特别是牛鲨(*Carcharhinus leucas*)，会时不时地抓住机会"欺负"人类。事实上，牛鲨是最有可能以人类为食（见"072大白鲨""089虎鲨"）的3种鲨鱼之一。

　　牛鲨可能比任何其他种类鲨鱼更喜欢攻击人类，许多专家都将它视为热带海洋中最危险的食人鱼。牛鲨之所以高居危险名单前列，一个重要原因是它们有一个特殊的习惯，那就是它们喜欢在淡水河流中逆流而上，包括亚马孙河（南美洲）、孟买河（亚洲）、布里斯班河（澳大利亚）、刚果河(非洲)和密西西比河下游(北美洲)。全身呈棕色、黑色或灰色,成年牛鲨身长可达3.4米,体重超过181千克。在所有种类的鲨鱼中,牛鲨是最不挑食的。作为超乎寻常的机会主义者,只要有机会,无论何物,无论何时,都不耽误它们进食。通常,牛鲨会在黎明和黄昏时刻进行捕食。牛鲨眼圆鼻钝,长着一张硕大无比的嘴,嘴里长满了锯齿状的牙齿。

致命的原因

牛鲨在咬猎物之前习惯于先用头进行撞击,目的可能是想确认猎物是否可吃。一旦确认完毕,它们会扬起鼻子完美地张开下颌来上致命一口。猎物很快会因为失血过多而亡。

生存法则

在牛鲨可能出没的水域不要做5件事:(1)和牛鲨比赛游泳。(2)在牛鲨身边游泳时流血。(3)在浑水中游泳。(4)孤身一人游泳。(5)晚上游泳。

智者箴言

没人喜欢恶霸。

066 牙签鱼

只有一根牙签大小，长2.5厘米左右，牙签鱼又名寄生鲇（candiru），是一种半透明的、几乎看不见的鲇鱼。它们生活在亚马孙河流域，是一种寄生虫（在鱼类中罕见）。牙签鱼以吸血为生，它们通常会附着在大鱼的鱼鳃上吸食鱼血，饱餐一顿后下来休息，直到下次饥饿时再去觅食。令一些人精神上和肉体上双重崩溃的是，这种小鱼有一个致命的问题，那就是无法区分富含血液的鱼鳃的气味和人类尿液的气味。有病例记载，它们会顺着尿液游进男性的阴茎或者其他生殖器口内。在吸血前，牙签鱼会竖起鳃盖上倒钩状的刺，这样便会使这些刺刺入猎物鱼的鳃，进而固定住身体，然后开始吸血。进食完毕后，收回鳃，游离猎物鱼。当然，在人类的尿道里是没有机会游泳的，它们被困在里面非常非常"安全"。

致命的原因

这种微小的鲇鱼，有时在英语中被称为尿道鱼（candiru为葡萄牙语）。它们进入人体后活不了多久。在它死后，人会患上败血症，最后死于令人抓狂的血液中毒。

生存法则

在亚马孙河流域附近，早期男性受害者的治疗方法（从字面上理解）包括切除阴茎。这或许可以帮助我们理解亚马孙河流域某些地区极低的人口增长率。目前已经证明，大剂量的柠檬酸可以软化长着倒钩状刺的鳃，并顺利将牙签鱼排出体外。尽管有人持怀疑态度，牙签鱼不可能迎着尿液逆流而上，进而钻进阴茎。但你在水中小便时没办法保证这样的事情会不会真的发生，所以，千万别去尝试。

智者箴言

亚马孙河流域很可能是销售紧身泳衣的最佳场所。

067 珊瑚鱼

与其他由鱼引起的疾病相比，人们在太平洋及加勒比地区食用几种热带和亚热带珊瑚鱼后出现的中毒现象更常见。这些鱼包括但不仅限于鲷鱼、石斑鱼、无鳔石首鱼、琥珀鱼、梭鱼、海豚(鱼类之一)、濑鱼、刺鱼、山羊鱼和鹦鹉鱼。

一种微小的有毒的甲藻门海藻，双鞭藻岗比毒甲藻（双鞭毛藻）(*Gambierdiscus toxicus*)，在被珊瑚鱼吃掉后，会集聚在鱼的内脏中产生毒素。这些毒素包括西加毒素(Ciguatoxin, CTX)，又名雪卡毒素和ciguaterin毒素。当人们吃了这些珊瑚鱼，或者吃了吃了珊瑚鱼的食肉鱼时，就会发生中毒情况。西加毒素不会让珊瑚鱼本身产生特别的气味、口感和颜色，而且这种毒素耐低温冷藏，耐高温烹饪，还耐风干及烟熏。在海洋中促成这种甲藻门海藻出现的原因尚不知晓。对于居住在南太平洋、日本、巴哈马群岛、夏威夷、波多黎各或佛罗里达的那些嗜好吃鱼的人来说，这是一个大问题。在下加利福尼亚半岛地区，有医疗记录显示至今至少出现了20次西加毒素中毒事件。

致命的原因

　　人在吃下有毒的珊瑚鱼后，通常会在24小时内出现胃肠道症状，包括恶心、呕吐、腹痛和腹泻。如果中毒较轻，这些症状会很快缓解，但一般会持续一周时间。神经系统症状包括感觉异常(奇怪的皮肤感觉)、眩晕、虚弱、共济失调(协调性丧失)、热感颠倒、肌肉疼痛、头痛、关节痛和瘙痒等。最诡异的是，偶尔会有患者声称自己的牙齿开始松动。这些症状一般会自行消退，但在接下来的几年时间里可能会时不时地复发。而心血管症状大多发生在中毒严重的患者身中，可能包括心动过速、心动过缓和低血压。当发生第二次中毒时，症状会加重。虽然很罕见，但这种心血管疾病可能会永久存在于少数人身上。

生存法则

　　虽然西加毒素没有特别的解药，但维持疗法几乎可以保证绝大多数患者生存下去。

智者箴言

　　某些鱼身上远不止有鱼腥味。

068 库氏砗磲

　　经常有来自印度洋-太平洋地区、许多南太平洋岛群以及东非海岸的采珠人坚持认为，世界上最大的软体动物——库氏砗磲(*Tridacna gigas*)经常危及他们的生命。除去巨大的贝壳，软体部分可重达9千克以上，对于喜欢吃软体动物的人来说，库氏砗磲会是一顿丰盛的大餐而不会有啥潜在危险。然而，这种巨大的双壳软体动物（有时被称为杀手蛤或食人蛤）的壳长可能超过1.2米，重约227千克。我们可以想象得到，能自由开合如此大双壳的内收肌肌肉的力量有多强大。

《美国海军潜水手册》将库氏砗磲的危险等级评定为2+(最高可能是4+)，并描述说："注意夹在贝壳之间的胳膊和腿。"库氏砗磲双壳的边缘呈锯齿状，合在一起时就像一个巨大捕熊器的双钳，和珍珠买家攥住他们口袋里的钱一样紧。

致命的原因

我们可以为库氏砗磲发声，它们根本不吃人。有大量证据表明，这些软体动物只是生活在海底的一群无辜的旁观者，它们造成了伤害仅仅是因为有人挠了它们的"活板门"。受害者可能因为恐惧而拼命挣扎，然后溺亡。

生存法则

《美国海军潜水手册》给出了明确的自救方法，那便是想办法割破库氏砗磲的内收肌，迫使它释放你被困的身体。

智者箴言

获人赠珠，休看其眼。*

---

*原文为"Never look a gift pearl-bearer in the eye"，有一句英国谚语Never look a gift horse in the mouth，直译为"收到他人送的马时不要掰开马嘴往里看"，意指"馈赠之物，切莫挑剔"。——译者注

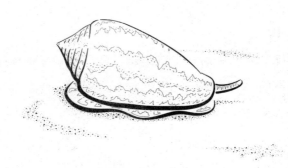

　　在所有贝壳中，外表最精致、色彩最艳丽的是鸡心螺。这类芋螺属(Conus)贝类软体动物有400—500种，所有成员都具有高度发达的毒液系统。鸡心螺常见于热带和亚热带海域，它们喜欢生活在岩石和珊瑚上，有时也会在沙质海底悠闲地爬行。鸡心螺生性胆怯易害羞，有异物靠近时壳内的软体部分就会躲藏起来。但当被拿起时，它们就会发动猛烈的攻击，射出毒液。

　　一旦人将鸡心螺拿在手中，它便会从前端的开口处伸出吻，一种肉质长管状的吻。吻中有很多中空、尖利的工具，称为齿舌，齿舌根部与毒针相连，这些毒针又称为"鱼叉"。这些毒针可以快速地刺穿皮肤，哪怕戴着手套。伤口看起来像擦伤。每一个毒针都有自己的毒液供应通道，进而将毒液注入猎物的身体。较轻程度的中毒，感觉就像是最严重的蜜蜂蜇伤，发生严重的中毒现象时，不到4小时就会使人毙命。死亡率高达20%，在统计数据上，鸡心螺比眼镜蛇和响尾蛇更致命。

致命的原因

除了疼痛，你还会感觉到刺痛和麻木，尤其是嘴唇和嘴。随后不久，你的胳膊和腿会慢慢瘫痪。接下来是头晕和呕吐不止。随着麻木逐渐扩散，你会发现说话和呼吸变得越来越困难。如果攻击你的鸡心螺毒性较低，这些症状会慢慢缓解。如果不幸遇到了毒性猛烈的鸡心螺，你将很快失去意识，不久便会窒息而亡。

生存法则

在伤口上下5厘米处各敷上垫子。用弹性绷带缠住垫子，并牢牢地按住，但不要太紧，以免切断血液循环，然后赶快找医生帮忙。

智者箴言

管好你的手。

070 椰子蟹

自从人类历史上第一个人发现螃蟹味道鲜美以来，人们便开始将螃蟹作为重要的美食之一。在南太平洋、印度洋及邻近海域的各大海岸和岛屿上，生活着一种广受推崇的甲壳类动物，称为椰子蟹（*Birgus latro*）。这种螃蟹可以长到0.3米长，蒸煮后味道鲜美，只需掰开壳取出肉蘸上热黄油即可。当有人死在椰子蟹的领地时，它们也会进行回礼。这群螃蟹会把尸体撕成两半然后生吞活剥，这无疑让人感到恶心。椰子蟹通常会携带一些毒素，能引起人体中毒，这算是它们的一种复仇吧。实话实说，椰子蟹攻击人类的例子极少。

这种螃蟹被称为椰子蟹有一个很明显的原因：它们会从海里爬上岸，然后侧着身子爬上椰子树夹断椰子，使椰子掉在沙滩上。它们可以用强壮的双螯剥开坚硬的椰子壳，吃里面的果肉。换句话说，它们的双螯非常强壮有力。

致命的原因

1951年的一篇报道记载，在红海海域的一个小岛上，遭遇海难的水手们正无力地打着瞌睡时，一群椰子蟹悄悄地冒了出来，在人们醒来并进行防御反击之前敲开了26名水手的头骨并杀死了他们。也许是这群椰子蟹将人类毛茸茸的头误认成了椰子，也许是它们的的确确是在反击人类，具体原因无人知晓。

生存法则

在椰子蟹的领地内千万别打瞌睡。

智者箴言

光头即是美。

071 电鳗

电鳗(*Electrophorus electricus*)长约3米,重约41千克,虽然从外表上看的确很像鳗鱼,但它并不是真正的鳗鱼,而是生活在巴西、哥伦比亚、秘鲁,或许还包括周边国家的浅水鱼类。电鳗甚至不是一种正常的鱼,因为它呼吸空气,如果在水下停留15分钟左右就会淹死,你肯定不希望对电鳗做这种事。它的所有重要器官都集中于头部后方不远处,之后是一长段产生电能的组织。电鳗输出的电压高达650伏,足以致人于死地。

电鳗包围在自己形成的电场中，这个电场可以帮助它们导航和感知猎物，随着电鳗逐渐长大，它们的视力随之逐渐丧失，所以电场对它们至关重要。电鳗通过放电电晕猎物，然后趁猎物还没断气时享用大餐。因为它们不喜欢死鱼。电鳗无法控制放电电压，却可以控制放电次数。电鳗身体的尾端为正极，头部为负极，电流从尾部流向头部。

致命的原因

你可能会在与电鳗亲密接触时因为电击导致心脏骤停而丧命，即便在6米外，当电鳗放电时你也可能会被电晕而溺水身亡（见"132溺水"）。

生存法则

在巴西、哥伦比亚和秘鲁，最好待在酒店的游泳池里游泳。如果你不采纳这个建议，心脏复苏术（CPR）也许能救了你的命。

智者箴言

有些人能从生活中获得比他们预想得更多的电量（小费）。

072 | 大白鲨

　　谁知道海洋深处隐藏着什么? 那里有大概300种鲨鱼, 大部分成熟个体长1.8—15米不等 (见 "065牛鲨" "089虎鲨")。其中, 人们发现大白鲨(*Carcharodon carcharias*)的牙齿能长到13厘米, 而它本身可长到30米。这么大的鲨鱼之前从未有过记录, 但它们的牙齿可不是化石!

　　大白鲨背部呈深蓝色、灰色、灰绿色, 甚至棕色, 腹部为白色。除了软骨组织, 没有真正的骨头, 而且几乎没有大脑, 大白鲨就像一大片巨大的致命肌肉, 它们是进化过程中顶级的水中杀人机器。最大体重可达2吨, 大白鲨往往会捕杀并吞食大型生物, 包括海豹、海狮、鲑鱼、金枪鱼、海豚、大海龟, 时不时还会吃掉人类。绝对地无所畏惧, 作为唯一一种鲨鱼, 同时也是唯一一种鱼, 大白鲨可以把头部直立于水面之上, 露出双眼搜寻猎物。于大白鲨而言, 人类在海面上, 尤其是踏在冲浪板上蹬来蹬去时, 只是另一种美味的食材, 看起来有点像其他常规猎物。它们似乎迷恋上了人类的味道, 或者至少不介意这种味道(参见电影《大白鲨》)。

致命的原因

大白鲨的攻击突然、迅速而且可怕，它们会用那长满巨大牙齿的大嘴狠狠地咬上猎物一大口。然后，大白鲨会选择后退，守在猎物身边直到它流血不止而亡。一般情况下，大白鲨讨厌缠斗，它们有足够的耐心等到你流光最后一滴血。

生存法则

如果有幸运女神眷顾，你从水中逃脱，上岸后直接按压伤口，直至止住流血。如果肢体或其他部位被大白鲨咬掉，你迫切需要止血带止血。然后，赶紧去找医生寻求帮助。

智者箴言

有时候，味道不错不止意味着品位不错。

073 锤头鲨

在地球上所有种类的鲨鱼中（见"072大白鲨"），只有21种鲨鱼有过杀死人类的记录。在这21种鲨鱼中，本书介绍的大白鲨、虎鲨、牛鲨和锤头鲨是最容易伤害人类的鲨鱼。其中，没有比锤头鲨（又称双髻鲨）更令人难以捉摸的鲨鱼了。这种鲨鱼共有9个种，均是长相怪异，锤子形状的脑袋两侧各长着一只眼睛和一个鼻孔。锤头鲨锤子形状的脑袋称为头翼，可以帮助它们在水中自由邀游，但没有人能具体解释清楚。在这21种智人杀手中，有3种是锤头鲨，即大锤头鲨（*Sphyrna mokarran*）、路氏双髻鲨（*Sphyrna lewini*）和平滑锤头鲨（*Sphyrna zygaena*）。但锤头鲨伤害人类的情况不是经常发生，所以一些专家宣称这种鲨鱼不应被归为"四大杀手"之一。尽管位于锤子状头部之下的嘴看起来很尴尬，尽管它们的嘴和牙齿相比于其他鲨鱼来说过小，锤头鲨却是自然猎物的精准杀手。

同大多数鲨鱼一样，锤头鲨也长有鳃裂，但它们无法振动鳃。所以，锤头鲨一生必须时刻保持运动使富含氧气的水贯穿鳃来完成呼吸。这或许可以解释它们易怒的行为。锤头鲨，尤其是大锤头鲨，可以长到6米长，体重接近454千克，可以承受住易怒带来的压力。但是，所有鲨鱼导致的人类恐惧并没有反映在它们的致死率上，每年在世界范围内鲨鱼攻击能造成大约30次致死事件。

致命的原因

有咬人念头的锤头鲨会快速游到人类面前，在最后时刻仰起头狠狠咬下一块肉。与其他种类鲨鱼相比，锤头鲨咬下的那块肉并不大，但在伤者逃到安全地点之前，可能会因为流血过多而死。

生存法则

如果你不幸遇到了锤头鲨，或者其他鲨鱼，而你又有着强烈的求生欲望，那就直面它，尽可能保持冷静。在它离你足够近时，试着踢、打、挖它的眼睛，可能这些攻击都无法伤到它，但有可能会让它泄气。如果只有你一个人，妄想尽快游离险地完全是无用功。

智者箴言

在有鲨鱼出没的水域，一定要和比你游得慢的人一起游泳。

074 水母

水母不是鱼，所以"鱼"没有出现在它的名字中。*它属于腔肠动物门（又称刺胞动物门）钵水母纲腔肠动物，包括海葵、珊瑚和水螅（见"076僧帽水母"）。从小到几乎人眼看不清的品种到直径2.1米、触手下垂后超过30米的狮鬃水母(*Cyanea capillata*)，钵水母类（又称真水母类）水母遍布于地球上的所有海洋中。有些水母对人类无害，有些水母会引起人类轻微疼痛，有些水母会引起剧烈疼痛，甚至有些水母会使人丧命。

水母的触手上布满了一种叫作刺丝囊（nematocyst）的特殊刺胞器，它们长在刺细胞（cnidoblast）内。每一个刺细胞表面都有一个刺胞针（cnidocil），类似于一种"触发器"，当有生物(比如人)触碰刺胞针时，它就会激活刺细胞。然后，刺细胞盖（operculum）打开，从刺细胞内弹射出微小的、带刺的毒液囊（刺丝囊），猛地刺向猎物，比如人的手臂。人的一只手臂在水母的触手上轻轻一划，就能刺激到成千上万的刺丝囊发射出带毒的"匕首"。

水母会自动蜇向所有它力所能及的东西，并期待着将它们就此转变为食物。

致命的原因

如果你在游泳时被水母蜇到，很可能会因为惊慌失措而溺亡（见"132溺水"）。但如果遇到了箱水母(*Chironex fleckeri*)，情况就不一样了。这种水母在菲律宾和澳大利亚很常见，它携带的毒液是世界上最致命的毒液之一，通常在10分钟内就能使人毙命，有的甚至只需30秒!在被箱水母蜇伤后，会出现严重的肌肉痉挛，以及呼吸麻痹。伤者可能意识不到自己的血压在降低。之后，心脏会突然停止跳动，你也因此丢了性命。

生存法则

被水母蜇伤后赶紧上岸，用海水清洗疼痛难忍的伤口。不要用手揉搓伤口或者冰敷，用醋或酒精再次冲洗伤口(如果身边有的话)。刮掉伤口处附着的触手（如果有的话），但不要用手。用剃刀、小刀或任何有刃的东西刮掉被蜇伤的皮肤。

智者箴言

不能因为某个东西比你小，就把它推来推去。

* 水母的英文为 jellyfish。——译者注

虎鲸

虎鲸（*Orcinus orca*）也被称为逆戟鲸、杀人鲸，是典型的群居动物。它们生活在关系紧密的群体中，这个群体也称为"豆荚"。虎鲸的智商与类人猿的智商相当，甚至可能超过了类人猿。从南极到北极，广泛分布于地球各个海域的虎鲸是最大的海豚科动物。它们是呼吸空气的温血动物，黑色的身上点缀着迷人的白色斑点。成年虎鲸身长可达9米，它们以其他温血动物为食，其中的海豹、企鹅、鼠海豚和体形较小的海豚是它们最喜欢的猎物。在虎鲸巨大的下颌里长着长达5厘米的圆锥形牙齿。鳍摆动迅捷，确保虎鲸可以追得上任何它相中的猎物。在饥饿的驱动下，虎鲸可以浮出水面1.8—2.4米，爬上海滩或大块浮冰找寻猎物，偶尔也可以蹿上岸或跳上冰块捕猎。有人曾看到过虎鲸捕食时不断地冲击浮冰以驱赶海豹。其他种类的鲸，有些甚至比虎鲸体形还要大，为了躲避饥饿的虎鲸的猎杀，会选择跃上陆地逃生（因为体重过大，无法在岸上张开肺呼吸，因而常常会窒息而亡）。

经过对这种巨大生物几个世纪的观察，人们发现一个令人震惊的事实：没有证据证明虎鲸会在潮湿的野外环境中杀死人类。曾经发生过虎鲸攻击人类的事件，比如在冰面上站着的人类突然摔倒。但这些例子无疑是虎鲸认错了对象，它们以为捕食的是海豹。

致命的原因

理论上讲，如果你浑身涂满了海豹鲸脂，然后跳进一群饥饿的虎鲸中间，那么你很可能丧命。然后，你便会被载入虎鲸杀人名录中。

生存法则

从足够远处欣赏虎鲸奇观。

智者箴言

玩得开心与其说是一件事，不如说是一种态度。

076 僧帽水母

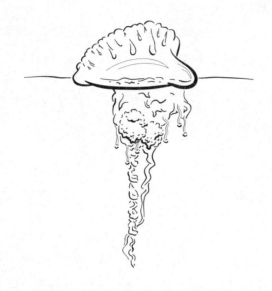

　　僧帽水母（*Physalia physalis*）或蓝瓶僧帽水母（*Physalia utriculus*）不是真正的水母（见"074水母"），而是水螅纲动物。它们会和其他一些海鱼（如小丑鱼及巴托洛若鲹）共生，生活在一种高度合作的状态下，社会分工相当明确，会为了集体利益而从事不同的工作，有点像"社会主义"。蓝瓶僧帽水母名字中的"蓝瓶"是以一艘葡萄牙帆船命名的，它是一种长着浮囊体形巨大的动物，浮囊中装满了空气。僧帽水母的触手、腹部和生殖器官呈现出不同的形态特征。由于没有排泄器官，僧帽水母通过进食孔进食和排泄废物。僧帽水母没有心脏，没有大脑，也没有直肠，只有用来产子的腹部和排便的嘴（进食孔）。尽管僧帽水母看起来很小，但在它的"蓝帆"之下的触手可长达50米。借助风、水流及潮汐，僧帽水母可能出现在任何温暖的海水中，但最常出现在大西洋中部和马尾藻海，并且通常以一个包含数以千计个体的大群体出现。

致命的原因

不小心游进一个僧帽水母群体中，你会经历瞬时间的痛苦。被僧帽水母触手上沾满毒液的刺细胞蜇伤后，伤口处会红肿、凸起。你可能会感觉到好像有一只鲸在胸口处搁浅，压得你无法呼吸。疼痛会贯穿你的腹部和腰部，伴随着肌肉痉挛延伸到腿部和手臂。由于毒液通常不是致命的，因此大多数情况下，导致死亡的原因是恐慌和溺亡。

生存法则

试着放松，然后尽快从水里出来。马上用海水清洗皮肤，不要用淡水。用醋或异丙醇浸泡伤口。清除掉附着在伤口处的僧帽水母触手，但不能徒手。然后进行冷敷以减轻疼痛。

智者箴言

僧帽并不适合所有人。

077 旗鱼

　　自然界中大约有10种旗鱼，之所以用"大约"这个词，是因为分类学家们就旗鱼的分类命名没有达成一致，这些分类学家就好像不同阵营的政客，很少或永远不会意见统一。旗鱼又叫马林鱼，隶属于旗鱼科。作为这一家族的一员，除了其他特征之外，旗鱼都长着又细又长的身体和呈冠状延展的背鳍（最上面的鳍），另外，最重要的是，它们都长着又长又硬的尖喙。平均来说，从眼球到喙的最前端，旗鱼的喙长能占总身长的20%，旗鱼正是用它的喙来击晕并杀死猎物。旗鱼重达91千克，而且速度极快，保证了它在水中急冲时可以用坚硬的喙一举穿透13厘米厚的木板，尽管它不吃木板。有资料记载，作为体形最大的旗鱼，大西洋蓝枪鱼（*Makaira nigricans*）身长可达4.9米，体重接近816千克。尽管名字为大西洋蓝枪鱼，但在太平洋、印度洋和大西洋海域中都会发现它们的踪迹。旗鱼庞大的身躯再加上它们常常是垂钓者心中理想的战利品，可想而知，这在一定程度上增加了人类与旗鱼致命邂逅的概率。

致命的原因

　　作为卓越的游泳健将，一旦旗鱼被鱼钩钩住，它们会愤然跃出水面，不但高度惊人，在水面上"飞翔"的距离更是叹为观止。不止一次，旗鱼腾空的高度和跨越的距离以其坚硬的喙撞击与刺穿目标收尾，而目标正是岸边那些陶醉在瞬间喜悦中的人们。

生存法则

把鱼饵只投给鲈鱼和莓鲈，或者在钓旗鱼时穿上防弹衣。要不就穿两件防弹衣吧。

智者箴言

有时候不抓住"重点"*非常重要。

* 这里的重点指旗鱼的喙尖。——译者注

078 | 蓝环章鱼

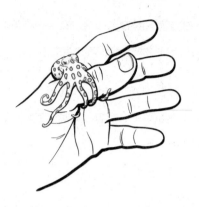

  章鱼的身体呈短卵圆形、袋状（称为外套膜），长着8条腕，每条腕上附有两排吸盘，用于牢牢抓住猎物。章鱼遍布世界各地，不过它们更喜欢温暖的热带和温带海洋。章鱼是一种软体动物，是鱿鱼（见"085鱿鱼"）、乌贼和鹦鹉螺的近亲，它们常常悄悄地靠近猎物，以偷袭的方式捕食。它们会用腕上黏糊糊的吸盘牢牢地抓住诸如螃蟹、小龙虾和贝类等猎物，然后用嘴里的颌片将食物"切碎"。有些种类章鱼通过咬伤猎物，然后将神经毒素注入伤口的方式来使猎物昏迷，直到这些蠕动的猎物不再蠕动为止。幸运的是，几乎所有种类章鱼的毒素都与人无害。虽然在极罕见的情况下，一只不同寻常的章鱼（可能是有些智障），会跳出海面袭击人类，但基本不会造成死亡，至少没有具体报道。

  但是并非高枕无忧，色彩鲜艳、体形较小的蓝环章鱼（*Hapalochlaen maculosa*）却是深海中最致命的生物之一。在澳大利亚东部和北部、印度尼西亚、菲律宾和日本南部海岸都可以发现蓝环章鱼的身影。腕上环绕着的蓝色圆环以及蓝色新月状图案映衬着从紫褐色过渡到黄褐色的体表。大多数蓝环章鱼不足一个高尔夫球大，体长达到25厘米就属于巨型个体了。当被惹怒或者兴奋之时，蓝环章鱼身上的圆环就会闪耀出斑斓的孔雀蓝，这个场景通常发生在不知情的人无意间拾起它们之时。

致命的原因

被蓝环章鱼咬到时很少会有感觉，唾液（毒液）更是从未得见。你可能只会注意到咬伤处有一滴血。5分钟之内，或许稍长一点儿时间，你便会感觉口干，吞咽困难，因为此时毒素已经开始攻击神经系统。很快，你会剧烈呕吐，紧接着控制不了浑身肌肉，然后瘫倒在沙滩之上。下一刻你会丧失呼吸能力，浑身呈现蓝色，不过就吸引力而言，这种蓝与蓝环章鱼身上的蓝相比要逊色很多。在死亡之前你会昏厥不醒。可怕的是，这种毒素非常致命，通常在90分钟内就会让人毙命。

生存法则

用弹性绷带把被咬伤的肢体完全包裹起来，然后直接去医院。目前，还没有有效的解毒剂，不过如果患者停止呼吸，及时对其进行人工呼吸，很可能会延续生命。如果能挺过24小时，基本上就能保住性命了。

智者箴言

永远不要拥抱任何手臂比你多的生物。

079 食人鱼

在南美洲的河流和湖泊中，生存着30余种食人鱼，其中大约有20种生活在亚马孙河流域广阔的水域中，而只有4—5种与人类有交集。关于食人鱼，西奥多·罗斯福*写道："它们是世界上最凶猛的鱼类。"虽然体形不是最大，红腹食人鱼（*Pygocentrus nattereri*）却被很多专家视为最危险的食人鱼。这种食人鱼体长可达28厘米，通常成群游动。所有种类食人鱼的嘴都不是很大，但都长着尖利的牙齿，通过强壮有力的下颌牵引撕咬猎物。饥饿的食人鱼易怒，如果在笼子里关得太久，它们会因为没有食物而相互吞食。在运输食人鱼时，有时会发生这种情况，每一条食人鱼都需要一个单独的容器，反正最后也只能这样了。

致命的原因

当血液在食人鱼出没的水域扩散开来，这群凶猛的鱼便会沉浸于进食狂潮中，这会使得包括人类在内的很多大型哺乳动物在相当短的时间内变为皑皑白骨，有未经核实的报道称：可能不足两分钟。

生存法则

为了尽量避免成为食人鱼的午餐，切记不要在阴暗浑浊的水域游泳

（这样做会使食人鱼将你误认为是它们的常规食物）。不要夸张地扭动身体，以此来模仿遇袭生物的模样。还有，千万别受伤流血。

智者箴言

别去喂鱼。

* 西奥多·罗斯福（Theodore Roosevelt，1858—1919），人称老罗斯福，荷兰裔美国军事家、政治家、外交家，第 26 任美国总统。——译者注

080 河鲀

　　鲀科(Tetraodontidae)鱼类,俗称河鲀,大约有120种,有些种类可以长到0.9米长,重达13.6千克。绝大多数河鲀喜欢热带和亚热带温暖的海水环境。当感觉受到威胁时,它们会呈现出奇特的状态——将大量的水或者空气(如果身边没有水的情况下)吸入腹腔,使身体膨胀,一直膨胀到正常体形大小的2—3倍。这样做可以对敌人起到威慑作用,河鲀们自认为。即便被捕食者吃掉,它们也会完成复仇,因为它们体内含有一种叫作河鲀毒素的剧毒类化学物质足以让捕食者丧命。河鲀毒素的毒性大约是氰化物的1200倍,它是自然界中已知的最致命的毒素之一。除了以死复仇之外,河鲀是否可以通过身带剧毒而获益,我们就不清楚了。

在日本，河鲀经过精心烹制后，被视为美味佳肴，日本人称这道菜为fugu。但如果处理不当，这道菜便成了毒宴，使人身中河鲀毒素而丧命。如果厨师技艺精湛，处理河鲀时没有让剔除的内脏器官碰到待食的鱼肉，那就大概率不会发生中毒事件。在日本所有的河鲀中毒案例中，约有60%的概率会导致人类死亡，这种情况在不到四星级的日本餐馆中时有发生。

致命的原因

河鲀毒素会阻断神经与肌肉之间的信息传递。误食含有河鲀毒素的河鲀大餐之后10—45分钟内，麻木和刺痛感开始出现。接下来，人们常常会恶心、头晕，并且"末日来临"的感觉逐渐袭来。之后会不自觉地流口水，出汗，胸痛，失语，吞咽困难，抽搐以及血压降低。死亡之前会瘫痪，呼吸困难，心率下降。一些幸存者声称，当时虽然全身瘫痪，但意识却很清醒。有人猜测，死者在等待死亡的过程中是否也经历了同样的过程。

生存法则

如果3小时内吃过河鲀，赶紧吐出来是上策。然后，赶紧去医院采取紧急救生措施。

智者箴言

好厨师配得上高薪。

081 赤潮

伴随着洋流从近海携带过来密度更大、温度更低的水楔，栖息在海底处的鞭毛藻的种子便被搅动起来。于是，这些微藻便暴露于充足的阳光和温暖的海平面之下野蛮生长。在经历一个繁殖周期后，它们把新的种子撒向海底，等待着海洋的下一次突变。这些单细胞浮游生物是食物链的基础，在数量上仅次于硅藻。

在数量有限的名为链状亚历山大藻（*Alexandrium catenella*）的鞭毛藻细胞中能够产生毒素。在美国，最常见的是蛤蚌毒素（saxitoxin），这种毒素无臭、无色、无味。当浓度足够高时，这些鞭毛藻就会把海平面染成红色，即赤潮。但并不是有毒的鞭毛藻一定可以引发赤潮。

许多鸟类和鱼类会死于赤潮，但许多贝类（如牡蛎、蛤、贻贝、扇贝）可以将毒素储存在鳃和消化器官中，却不会受到毒害。一旦人们误食了这种携带毒素的贝类，无论是生吃还是蒸熟了吃，就会导致中了麻痹性贝毒。

致命的原因

误食了那些有毒的贝类之后，患者嘴唇甚至整张嘴会出现刺痛感。很快，会出现腹部痉挛、恶心、呕吐、腹泻、头晕、头痛、视力障碍、语无伦次以及由于匍行性麻痹（creeping paralysis）而导致的身体协调能力丧失等症状。当瘫痪到一定程度时，患者便会无法呼吸，进而永远安眠于天堂中的牡蛎养殖场了。

生存法则

喝几杯兑了活性炭的水，赶紧去医院求医。如果患者呼吸停止，赶紧进行人工呼吸救治。在到达医院前如果心跳停止，赶紧采用心脏复苏术，或许可以挽救生命。

智者箴言

趁还来得及，赶快"闭嘴"。

082 水肺

"Scuba"（水肺）这个词已经被单独使用太久了，以至于很多人忘记了它是"self-contained underwater breathing apparatus"（自携式水下呼吸装置）的首字母缩写，这个装置最初由雅克-伊夫·库斯托*发明。水肺潜水员在水中呼吸的是被高度压缩进一个水箱中的空气。这些空气通过调节吸入空气压力的调节器供给水肺潜水员。随着水肺潜水员潜入水中深处，空气压力急剧增高，在10米处几乎增高一倍，但从水箱中输出的空气压力保持不变。只要水肺潜水员在水中逗留时间不过长，上浮的速度不过快，并在上浮过程中一直保持呼吸，就不会出现危险情况。

如果在水里待太久，或者上浮幅度过猛，空气中的氮气便有可能在水肺潜水员体内形成气泡。这些气泡会压迫体内组织进而引发疼痛。这种情况称为"减压病"（又称为沉箱病、潜水员病），当关节弯曲时会增加痛感。由此引发的死亡案例极为稀少，但永久瘫痪并不罕见。

致命的原因

如果一个水肺潜水员在上浮过程中进行憋气而没有保持呼吸，那么他可能会有大麻烦。这种情况多是由于水肺潜水员忘记了核查仪表数据而导致空气耗尽。随着上浮过程中空气压力逐渐变小，水肺潜水员胸腔内的空气体积会不断变大。这些空气由于体积变大会造成身体损伤。严重时，胸腔会突然"爆裂"。准确来说，并不是胸腔真的爆裂了，而是肺部部分鼓起，使人难以呼吸。气泡会通过裂口进入血液，进而进入大脑，在几分钟之内造成卒中似的死亡。

生存法则

永远不要单独潜水，同伴可以在危急时与你共享空气。如果自己独自一人，记住要一直把调节器含在嘴里。在上浮过程中，空气膨胀足以提供另一次呼吸。在上浮过程中要向上看，保持呼吸道畅通，慢慢地、非常缓慢地呼气。

智者箴言

长寿在于呼吸。

* 雅克－伊夫·库斯托（Jacques-Yves Cousteau，1910—1997），法国海军军官、探险家、生态学家、电影制片人、摄影家、作家、海洋及海洋生物研究者，法兰西学院院士。1943 年，库斯托与埃米尔·加尼昂共同发明了水肺。——译者注

海蛇

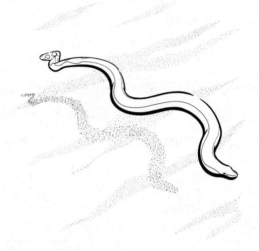

　　世界上大约有50种海蛇，每一种都是有毒生物。这些海蛇科生物几乎全部生活在西太平洋和印度洋。只有一个例外，那便是长吻海蛇（*Pelamis platurus*），它的身影几乎遍布整个太平洋以及墨西哥海岸。海蛇平均体长1.2—1.8米，有些种类可长达3米以上。海蛇需要呼吸空气，所以它们时常需要浮出水面。然而，液体生活环境造就了它们拥有蛇类世界中独一无二的适应性。海蛇前半部分纤细圆滑呈圆柱形，尾部侧扁如桨，这使得它们非常擅长游泳，并且能借助尾部使身体敏捷地弹射出去进行攻击。海蛇是自然界中最毒的生物之一，它们的毒牙中含有致命的神经毒素。尽管不同种类海蛇的毒液毒性各不相同，但至少有一种毒液的毒性是眼镜蛇(见"008眼镜蛇")的50倍。海蛇的毒牙与眼镜蛇的毒牙相似，短而固定，中空，且相对较小。通常，海蛇喜欢捕食小鱼，但也会攻击人类，主要是当在潜水区被人类触碰到或踩到时。

致命的原因

尽管某些情况下症状可能在几分钟内出现，但大多数伤者均声称没有疼痛感，而且大多数海蛇毒液毒性发作速度相对缓慢。几小时之内，伤者的焦虑感会越来越强烈，进而肌肉僵硬、酸痛。然后，疼痛感不断加强。接下来会出现痉挛性瘫痪。恶心和呕吐会让伤者余下的时间变得异常艰难，伤者会表现出不安，大小便失禁，并且极度痛苦。在丧失呼吸能力之前，伤者首先会失明。不过，在那种境遇下，伤者肯定已经对任何能看到的事物失去了兴致。

生存法则

使用弹性绷带包扎伤口以及整个肢体，切忌太紧以影响血液循环。在找到抗蛇毒血清之前不要解下弹性绷带。

智者箴言

沉默之海可能暗藏杀机。

084 抹香鲸

鲸是海洋中出了名的温和巨人，它们非常不情愿与人类邂逅，很大程度上是因为长达数百年的人类捕杀它们的历史。然而，即使受到威胁，鲸也很少攻击人类，只是在极罕见的时刻出于意外才会伤人。抹香鲸（*Physeter catodon*）可以长到18米长，偶尔会长成动物专家所形容的"暴戾个体"，有报道称这些另类会击沉船只，导致船员溺亡，极罕见地还会吞掉人类。

相传，1891年2月，"东方之星"号捕鲸船在福克兰群岛以东约322千米的南大西洋用捕鲸叉捕杀了一头抹香鲸。但在发狂的抹香鲸拼命拍打海水弄翻了船只时，年轻的水手詹姆斯·巴特利不幸落入水中。之后，他便消失了。抹香鲸的血引来了鲨鱼，巴特利也被视为已成了鲨鱼的午餐。抹香鲸的尸体最终浮出水面，船员们把它绑在船体一侧进行屠宰。当抹香鲸的胃被整个切除扔上船时，人们发现它竟然在蠕动。令人惊讶的是，巴特利竟然蜷缩在胃里面，而且还活着。

致命的原因

类似于发生在年轻的巴特利身上的事很可能也会发生在其他人身

上。巴特利瘫倒在甲板上，仍然可以呼吸，只是皮肤已被胃液漂白，毛发已经脱落，视力丧失，并且失去了意识。自他消失以来，已经过去了15个小时。在医院休养了很久，他才回到英格兰，把他的遭遇告诉了众人。原来他掉进了抹香鲸的嘴里，尖叫着冲过一排细小但锋利的牙齿，然后沿着黏糊糊的咽喉滑进食管，最后进入抹香鲸的胃。就这样，他被同伴遗忘在了这个巨大的哺乳动物的肚子里。也许，绝大多数人遇到这种情况都会窒息而亡，或者被抹香鲸胃里的胃酸溶解掉。

生存法则

冰冷的海水浇在了詹姆斯·巴特利身上，直到他苏醒。几个星期之后，他才恢复意识。

智者箴言

有些东西就是比其他东西容易吞咽。

鱿鱼

　　如果海中真的有怪兽，那它们很有可能是大王鱿（*Architeuthis martensi*），这种大王鱿属（*Architeuthis*）生物生活在深海之中。人们至今仍对它们的长度争论不休，据估计，大王鱿的身长在18米至惊人的91米之间不等。古挪威人称它们为"海怪"。在耶稣诞生之前，渔民们忌惮它们是不敬神的毁灭者。这些怪兽会在夜幕之下浮出海面，拖拽晚些时候搁浅的船只驶向海岸。弗兰克·W.莱恩在他的著作*Kingdom of the Octopus*中描述道："大王鱿是所有无脊椎动物中最凶猛的。"

　　除了8只普通触手，大王鱿还长着两条长长的捕食性触须，这两个触须可以以惊人的速度伸出，捕捉猎物，然后把它们拖到嘴里撕碎并吃掉。鱿鱼分布于世界各地，任何海平面之上都可以发现它们的身影。

1874年7月31日，横渡印度洋的"斯特拉托温号"客轮上的乘客目睹了一场大王鱿对150吨重的"珍珠"号纵帆船进行的袭击。当时，纵帆船上有人用步枪向水中那个巨大的褐色生物开火，那个生物不断向纵帆船靠近，然后挤到船头和主桅之间，最终把船拉倒击沉。乘客接着回忆道："大王鱿的身体和船体一样厚重，身长约为船长的一半，触手可能有30米长。""斯特拉托温号"客轮最终救助了落水的船员，人们发现，那个怪兽的触手像水桶一样粗，因此压死了很多船员。

致命的原因

理论上说，除了被巨大的触手压扁之外，你很可能会被大王鱿吃掉，但这个猜测无从考证。

生存法则

似乎只有很小的概率可以从大王鱿的死亡缠绕中幸免，但无论如何都值得一试。

智者箴言

在点炸鱿鱼圈之前要三思。

086 魟鱼

鳐鱼，尤其是大型鳐鱼，经常在热带和亚热带海洋中优雅地畅游，同时，也有几种鳐鱼生活在淡水中。鳐鱼共分8科，500余个种，均隶属于鳐形目。同鲨鱼一样，鳐鱼没有硬骨，它们在水中"翱翔"时灵活的"翅膀"实际上是宽大的鳍。饥饿时它们会潜到水底。由于身体呈扁平的圆形，所以在等待猎物经过时，它们可以搅动海底的沙子把自己盖起来。鳐鱼用嘴抓捕猎物。

不是所有的鳐鱼都有刺，但所有的魟鱼都有，而且这些毒刺是用来防御的，而不是用来攻击的，其中，一两个毒刺长在离它们相对较长的尾巴基部相当近的地方。

如果人类无意间踩到魟鱼(魟鱼经常会出现在浅水中，所以这种事发生的概率很大)，大多数魟鱼会认为自己受到了攻击，进而做出防御反应。

致命的原因

毒刺底部的毒液腺会使魟鱼身上的毒刺充满毒液，毒液能引起剧痛，通常通过导致心脏骤停而造成被刺者死亡。毫无疑问，最著名的因为被魟鱼的毒刺刺伤导致中毒身亡的人是史蒂夫·欧文。*号称"鳄鱼猎人"的史蒂夫被魟鱼的毒刺刺穿了心脏，因失血过多而亡。

生存法则

在魟鱼经常出没的水域缓步前行，避免踩到它们。如果不小心被毒刺刺伤，赶紧用清水清洗伤口。然后将伤口浸泡在热淡水中可以缓解疼痛。接下来用肥皂水冲洗伤口。如果伤者心脏骤停，那就祈祷附近有人懂心肺复苏术吧。

智者箴言

注意脚下。

---

* 史蒂夫·欧文，澳洲环保人士与电视节目 Discovery 的主持人。2006 年 9 月 4 日在澳大利亚海域拍摄一部水下纪录片时，不幸被魟鱼的毒刺刺到，不治身亡。——译者注

087 石鱼

　　生活在热带水域海底，偶尔也会出现在温带水域，鲉鱼（鲉科）从背部伸出尖刺，就像一排带毒尖的钉子。鲉科中的很多成员都非常可爱而且优雅，却携带着一种能导致剧痛的毒液。有些鲉鱼非常难看，那一大块肉就像是它们视为家的珊瑚礁的一部分，而不是长着鳍的咸水生物。但是没有哪种鲉鱼能比石鱼（毒鲉属）更具吸引力而且更危险。很多人认为石鱼毒液的毒性与眼镜蛇毒液毒性旗鼓相当。

　　如果你不小心踩到石鱼（这是人类与石鱼最常见的邂逅方式），它背上的一根尖刺可能会轻易地刺穿运动鞋及脚掌，而反过来对尖刺的压力会迫使石鱼身体里的毒液通过两对管道进入你的脚(或手,如果你碰巧用手碰到了石鱼)。在被激怒时,石鱼也会发起进攻。

致命的原因

疼痛感即刻传来,无法估量的剧烈,但这只是开始。60—90分钟内,疼痛感达到顶峰,而且会持续6—12小时,那种痛苦足以把淡定的人逼疯。由此引发的人类死亡事件极为罕见,但在那段痛苦的时期内伤者往往会生无可恋,而尽早解脱会成为他们的夙愿。即便伤者幸存下来,还要面对一些令人心惊胆战的事情:头痛、皮疹、恶心、呕吐、腹泻、胃痛、大量出汗、手臂和腿瘫痪、高热、精神错乱和癫痫,这些都是广为人知的后果。

生存法则

将被刺伤的脚或手泡在热水中可以减轻痛苦。确保清除伤口处任何看起来像石鱼身体部分的残留物。如果感觉虚弱,可以尝试使用抗生素。另外,注射抗蛇毒血清可能会管用。

智者箴言

你甚至可以从看起来像石头的东西中学到东西。

088 刺尾鱼

据统计，刺尾鱼科（Acanthuridae）共有80余种鱼，统称为刺尾鱼（又称外科医生鱼），主要生活在热带珊瑚礁上或附近。很多刺尾鱼色彩艳丽，因此在水族馆中很受欢迎。另外，绝大多数刺尾鱼体形小巧，很少能超过0.3米长，除了突角鼻鱼（*Naso annulatus*）。突角鼻鱼是刺尾鱼中的庞然大物，它可以长到0.9米长。然而，所有种类的刺尾鱼在身体两侧的尾柄处都长有1—2个尖锐的棘，就像手术刀一样，刺尾鱼经常毫不吝惜地使用它们。值得注意的是，有的刺尾鱼身上的棘是固定的，而有的刺尾鱼身上的棘是可以随时竖立的。刺尾鱼领土意识极强，一旦感受到威胁，它们便会使用身上的手术刀快速精准地发起进攻切碎敌人。

致命的原因

即使是体形很小的刺尾鱼也能切掉人类的手指。被刺尾鱼割伤的伤口会很深很痛，同时会血流不止。如果无法止血，那么伤者便会因失血过多而丧命。同时，人们在水中血流如注时还会吸引到大型嗜血鱼类，比如鲨鱼（本书其他章节有介绍）。

生存法则

别去招惹刺尾鱼，如果在海水中不小心惊扰了它们，赶紧上岸。被刺尾鱼割伤后需要马上按压伤口止血。要做好心理准备，疼痛感会持续很久。一般情况下，被刺尾鱼割伤不会致命，而且可以通过在热水中浸泡伤口缓解疼痛。如果伤口很大，赶紧去找医生处理，因为可能会造成感染，有时会很危险。

智者箴言

手术最好在你睡着的情况下在手术室里进行。

089 虎鲨

鲨鱼的出现早于恐龙，至今已经繁衍了大约3.5亿年。它们环游世界，比较喜欢热带和亚热带海域，但有充足的证据显示，它们可以一路向北游到北极。人类曾在2743米海洋深处捕获过鲨鱼，据此推断它们可能会在更深处生存。鲨鱼没有硬骨，整个身体由坚固而灵活的软骨构成，体外的皮肤却异常粗糙。鲨鱼长着很多牙齿，任何一颗牙齿掉了，都会很快长出新的，这些锋利的牙齿由强壮的下颌肌牵动。令人难以置信的是，鲨鱼有着超自然的神奇力量，即发现猎物的能力。鲨鱼可以感知到水中百万分之一的血液浓度。鲨鱼大脑很小，食量却很大，而且"贪得无厌"。鲨鱼的捕食清单很丰富，而人类，尽管不是鲨鱼特别中意的猎物，仍位列其中。

虎鲨(*Galeocerdo cuvier*)能长到4.3米长，浅灰色的身体上长着逐渐变暗的深灰色垂直条纹。虎鲨是太平洋珊瑚礁上最大的鲨鱼，同时，在南卡罗来纳州以南和巴哈马群岛附近也常有出没。在对人类最具威胁的物种清单之中，虎鲨绝对包含在内。总是饥肠辘辘以及视力不佳，使得虎鲨经常把人类当成食物。事实上，由于总是饥肠辘辘以及视力不佳，

194

虎鲨经常误食金属、木材、皮革和塑料，因此收获了"深海垃圾桶"的绰号。虽然虎鲨更喜欢将鸟类和海龟作为食物，但是它们可以接受海洋中提供的任何食物。它们一般在夜间的浅水区觅食。

致命的原因

虎鲨的牙齿上有锐利的锯齿，当它咬住猎物后，摇摇头，猎物的身体往往就被撕掉了一块儿，随之鲜血四溅。吞咽之后，虎鲨会折回进行下一次撕咬。很快，水面上仅剩一摊血迹弥散开来。

生存法则

当你在水中发现虎鲨时，切忌快速移动。如果它发动攻击，最好找到比手臂结实的东西击打它的鼻子、鳃和眼睛。如果被它咬到了，那么，祈祷好运吧。

智者箴言

白天，人类乐在水中；晚上，鲨鱼水中取乐。

HOW TO DIE IN THE OUTDOORS

第 **6** 部分

有毒植物

　　植物无法逃避也无法躲藏，这是它们最真实的状态。尽管有些植物长着尖利的刺，可以起到防身作用，但实际上它们并无恶意，只是为了生存而已。

　　然而，为了在这个很多动物以植物为食的自然界里存活，绝大多数植物不是靠身上的刺，而是依赖于毒素自保。数以百计的植物可以分泌化学毒素，这些化学毒素有的可造成轻微刺激，有的为剧毒。下面将要介绍一些足以致命的植物。

090 天使的号角

　　木曼陀罗属中的7种开花植物通常被称为天使的号角。它们会开出芳香的下垂式花朵，看起来就像小号。这些小号式的花朵长0.5米，开口处宽0.36米，如果它们是真正的乐器，就会在这里发出声音。天使的号角可以开出粉色、红色、橘色、黄色、白色或者绿色的花朵。这种植物可能是灌木或是能长到11米高的小乔木，它们原产于南美洲的热带地区。在美国的某些地区，人们在花园和草坪上种植天使的号角作为观赏植物，除此之外，种植这种植物是非法的，因为它们浑身都有毒，尤其是种子和叶子。

　　在一些国家，这种植物的叶子被泡成茶，可以产生强烈的幻觉。要注意，幻觉对大多数人来说都不是什么好事儿，经常出现喝了这种茶而产生幻觉的人发生自残现象。因此，用这种植物泡制的茶不值得推荐。另外，天使的号角与曼陀罗属植物（参见"095曼陀罗"）近缘，那是另一种被抵制的致幻物。

致命的原因

　　天使的号角中含有的生物碱能导致人类瞳孔迅速放大。其实这还不

198

算什么大问题，除非你想驾车出门。但之后，你会心跳加速，头痛欲裂，腹泻不止，体温上升，平滑肌丧失功能。当肺部的平滑肌停止工作时，你便无法呼吸，接下来便会命丧于此。

生存法则

如果能及时就医，医生应该会帮你洗胃。如果耽误了时间，医生可能会给你喂食毒扁豆碱（physostigmine），如果真有这种药，它通常会帮你扭转乾坤。记住，最好不要吃天使的号角身上任何部分。

智者箴言

吹响你的号角，而不是你的思想。

娃娃眼

不要碰名字中带"bane"的植物是明智之举。在类叶升麻属中至少有24种植物,其中的白果类叶升麻(*Actaea pachypoda*,英文名为white baneberry)是人类最应该避免接触的。这种植物原产自北美东部,可以长到0.6米高,宽可达0.9米,长着锯齿状的叶子,春天会开出白色小花。然而,最让人印象深刻的肯定是红色茎末端的白色浆果。在每个浆果的圆形末端都有一个黑点,这样整个浆果看起来就像是娃娃的眼珠,白果类叶升麻也因此得了"娃娃眼"这个别称。但这可是令人毛骨悚然的娃娃眼,看起来却笑眯眯的。白果类叶升麻浑身带毒,包括这些"眼睛"。误食半打浆果就会让人虚弱无比,再多些足以致命。

致命的原因

致命的原因之一是味蕾的缺失。这些坚果一点儿不美味,又辣又苦。很难想象会有人吃下第二个,甚至更多!这些坚果里含有的毒素会即刻攻击人类的心脏,引发对心肌的急性镇静作用。口腔和喉咙内的灼烧感很快袭来,伴随着头痛、腹泻、眩晕,甚至会产生幻觉。之后,心脏会停止跳动。

生存法则

别贸然吃白色坚果。如果误食了有毒的坚果没超过一小时，尝试让自己呕吐出来。如果身边正好有活性炭，吞下一些。马上出发去医院救治，记得要一直喝水。

智者箴言

眼见为实。

092 | 蓖麻子

据吉尼斯世界纪录记载，蓖麻（*Ricinus communis*）是世界上最毒的有毒植物之一。蓖麻广泛分布在热带地区（这种植物不耐寒），广大园丁大量种植它们作为观赏植物。不幸的是，不同种类的蓖麻有着不同的外形特征。任何描述都不足以概括出它们的特征。但是所有种类的蓖麻都会结出胶囊状的果实，果实里面包裹着一个大的、椭圆形的、带光泽的种子，即蓖麻子。蓖麻子貌似豆子，含有蓖麻毒蛋白。

虽然蓖麻子可以被压榨成无害而且毫无疑问是有用的蓖麻油，但只要将蓖麻子生剥后吃下4—8颗便足以使人或者误食它们的动物们丧命。值得庆幸的是，如果将蓖麻子整个吞下去而没有咀嚼，你很有可能会毫发无损。

致命的原因

通常，误食蓖麻子2—4小时后，时间也许更长些，你的口腔和喉咙会出现灼烧感。随后，出现腹痛、呕吐以及腹泻带血症状。严重的脱水会导致血压急剧下降。当血压过低时，心脏就会停止跳动。整个过程会持续3—5天。

生存法则

如果能及时就医，越早越好，你获救的概率会很大。

093 | 颠茄

　　在美国意识到它将成为一个独立的、非常独特的国家之前，颠茄（*Atropa belladonna*），这种分布广泛、数量众多的茄科植物(包括番茄)，便已经从欧洲传播到了这里，并就此安了家。颠茄的花朵呈淡红色、黄绿色或褐紫色，钟形，簇拥在多叶的短枝上，它们具有独特的装饰效果，深受很多园丁喜爱。*Belladonna*在意大利语中意指美丽的女士。这些植物就像早期野蛮人一样，不受文明的制约，在野外野蛮生长，尤其是在东部。虽然颠茄的花、叶子甚至根部都含有有毒的生物碱，但只有它的果实熟透后呈现为亮黑色或紫黑色浆果(直径达1.3厘米)时，才会致命，有时致命的速度非常快。仅3颗浆果就能夺走一个孩子的生命。

致命的原因

当颠茄的生物碱毒性发作时，你会感觉到口干，伴随着吞咽困难。然后，皮肤发热变红，心跳加速，瞳孔放大，视线模糊。接下来，你会发现小便很艰难。同时，你会异常地亢奋，随着血压逐渐升高，心跳也变得极不稳定。你将神志失常，思维混乱。在你陷入昏迷时，内心会升出一片宁静祥和之感，这便是颠茄（night shade*）这个名字的由来。

生存法则

科学家们可以从颠茄中提取出有用且常见的药物阿托品和东莨菪碱。

颠茄美丽的花朵中蕴藏着一丝丝崇高。调制美酒时，致命的颠茄果实绝对是你最不想放进高脚杯中的作料。切记！这个美丽的女士，只可欣赏、钦佩，万不可触碰。如果你没有遵循这个忠告，那就去医院寻求解药吧。

智者箴言

美丽只是表面罢了。

---

* 英文单词 night shade=night（夜晚）+shade（树荫），意指宁静祥和。——译者注

094 | 哑藤

在西半球热带区域，至少有56种花叶万年青属植物在此繁衍生息。在墨西哥、西印度群岛以及阿根廷都能发现它们的踪迹。它们那翠绿色、宽阔的叶子上点缀着诱人的白色斑点，加上超强的耐阴性，使其成为备受欢迎的室内装饰植物。但叶子细胞内称为针晶体的针状晶体，也会令人唯恐避之不及。这些针状晶体也存在于根系和茎部。咀嚼时，人嘴对针晶体的急性反应是丧失语言能力。一旦你无法说话，也就恰恰匹配了这种植物的俗称"哑藤"。哑藤可不仅仅能让人变成哑巴。

致命的原因

短暂的咀嚼，随之而来的便是剧烈的口腔灼烧，紧接着嘴开始麻木，然后就是不自觉地流口水。一般来说，后果也就到此为止了。如果再严重些，你的嘴唇、嘴巴、喉咙和舌头会出现肿胀。口腔内会出现大量水泡。一旦舌头肿胀严重，呼吸便会变得无比困难。

生存法则

　　有专家将哑藤引发的死亡事件评定为罕见，但既然不等于绝不能发生，所以，误食了哑藤，还是赶紧找医生救治吧。

095 | 曼陀罗

　　据说，在加利福尼亚和美国西南部的部落中，萨满会使用曼陀罗（*Datura stramonium*）或类似的曼陀罗属植物泡茶，然后慢慢地进入一种意识改变的状态之中，在这种状态下，人们精神世界里的秘密会被揭示出来。历史并没有记载有多少萨满通过曼陀罗成为精神世界的永久居民，但你大可放心，这整株植物，尤其是根、叶和种子，都含有莨菪碱，一种高质量的毒药，已将很多人送往死亡之门。

　　成熟后的曼陀罗显得郁郁葱葱，其汁液和萎蔫的叶子中毒素含量最大。1666年，派往弗吉尼亚州詹姆斯敦的士兵们无意间发现了这种植物，当他们粮草耗尽后吃了曼陀罗的浆果，结果中毒而亡。这种长在詹姆斯敦的杂草被命名为曼陀罗，也被称为魔鬼的号角（白色或紫色的花朵形似号角）、臭草（闻起来令人作呕）、刺苹果（浆果带刺）、疯苹果（如果你能幸存，就会回想起那段令人不快的幻觉）。

致命的原因

误食曼陀罗几小时后，你会感觉到头痛、头晕、极度口渴，皮肤有强烈的灼烧感，瞳孔放大，视力模糊，很快失明、谵妄、狂躁、嗜睡、脉搏微弱、癫痫发作、昏迷，进而死亡。一些专家声称，在美国，由曼陀罗中毒导致的死亡人数比其他所有有毒植物导致的死亡人数还要多。

生存法则

远离曼陀罗。事实上，你要避免以任何方式食用任何你不能确定为安全的植物。如果还是误食了，其实有一种解药可以解曼陀罗以及它的亲缘植物的毒。试一试，没准有效。

智者箴言

有些体验物有所值，有的则不然。

毒番石榴

　　古老的加勒比印第安人会把箭头浸在一种果实的汁液里，以防他们射不到猎物重要的器官。克莱夫·库斯勒（Clive Cussler）在他的小说《宝藏》中，描述了蘸了这种汁液的惠灵顿牛肉几乎要了一列航班上所有乘客的命。很多早期的冒险家、遭遇海难的水手和普通的游客命丧于这些味道甜美、形状大小与海棠相似的毒番石榴（*Hippomane mancinella*）之手，这种剧毒植物生长在加勒比海和墨西哥湾周围，包括佛罗里达州南部。

毒番石榴可以长到15米高，长着粗糙的疣状树皮和带有光泽的椭圆形叶子，开黄色或者红色的花朵，结亮绿色或黄色的果实。汁液是乳白色的。如果下雨时有人恰巧在树叶下避雨，雨水溅到皮肤上后，不到30分钟就能让人患上急性皮疹。如果此时用沾了雨水的手揉眼睛，会让人暂时失明。如果露营时用毒番石榴树枝点篝火，冒出的烟会引发头痛以及眼睛不适。

致命的原因

误食了这种可口的毒番石榴果实或者叶子是致命的。一两个小时后，嘴唇、口腔和喉咙会肿胀、灼烧和起泡。胃痛之后便是呕吐和便血。你的脉搏会加快，呼吸频率也会随之加快。紧接着血压下降，一头栽倒在地，再也爬不起来。

生存法则

如果皮肤不小心触碰了这种植物，赶紧用肥皂水清洗。如果误食了毒番石榴果实，以最快速度找医生帮忙。目前这种毒物没有解药，但有些可以稳定血压的药物会有所帮助。

智者箴言

甜美的东西不一定是好的。

097 附子

　　在整个北半球的温带地区，常见一种多年生草本植物——实际上是乌头属的几种植物，它们开着迷人的深蓝色僧帽形花朵，长着尖尖的掌状叶子，以及遍布整个植物，特别是叶子和根中的一种活性毒药。它们的根看起来非常像野生萝卜，会被误认为可以食用，因此经常被当成食物，叶子也总会被当成食材，抹上沙拉。附子含有乌头类生物碱，包括乌头原碱（*Aconine*）和乌头碱（*Aconitine*），一旦被误食就会被人体摄入。另外，如果这种植物与皮肤接触，这些生物碱也会通过皮肤被人体吸收。这些毒素在植物开花前最活跃。理论上讲，人类可以一直强忍到通过在皮肤上揉搓这种毒物来毒死自己，但一旦食用了非常少量的这种植物便会丧命。

致命的原因

中毒身亡的早期迹象即刻便会出现：鼻子、喉咙和面部有灼烧感和刺痛感，可能还会伴有麻木感，接着是恶心、呕吐、视力模糊和皮肤刺痛。接下来心跳会变得缓慢无力，中毒者会感觉胸痛。在连续的抽搐之前，汗水会倾泻而出。之后，麻木感会遍布全身，寒意从头到脚袭来，仿佛体内流淌的不是血液而是冰水。麻木之后便是周身上下剧烈的疼痛，伴随着瘫痪，呼吸肌和心脏逐渐被冻结。在生命结束之前，人不会丧失意识。有些中毒者眼前会出现黄绿色幻觉并伴有耳鸣。中毒身亡往往会发生在短短10分钟之内。

生存法则

没有一种可以一直有效的治疗方法，但硫酸镁至少有过成功先例。

_____

智者箴言

当心穿戴，把僧帽留给僧侣。*

* 此处与前文中描述附子的花朵为僧帽形相呼应，是一种诙谐的暗喻，指当心不要接近这种植物。——译者注

098 | 毒蘑菇

　　在欧洲，有段时期（或者现在仍然如此），人们经常尾随饲养的猪进入森林，收集这些猪发现的蘑菇。这些猪能在可食用的蘑菇破土前就嗅到它们，而且能避开那些毒蘑菇。但是，世界各地都有毒蘑菇存在，就潜在致命性等级方面，没有哪一种毒蘑菇可以与毒鹅膏菌相提并论，这种毒蘑菇又称为死亡帽、白毒鹅膏菌、毁灭天使。90%—95%由毒蘑菇引起的人类致死事件都是拜毒鹅膏菌所赐。

　　毒鹅膏菌呈垩白色，基部球茎状，成熟时可高达23厘米，菌盖呈白色或黄绿色至棕绿色，直径可达10—15厘米。菌盖之下垂着衬衫状的菌幕，菌盖底部长着白色或灰白色的菌褶。这种蘑菇连猪都不吃。除了太平洋海岸以外，毒鹅膏菌在美国和加拿大各地都有生长。

致命的原因

人们在误食毒鹅膏菌6—24小时内，通常不会出现中毒状况。之后，蘑菇中复杂的毒肽和毒伞肽会突然引发剧烈的腹部绞痛、呕吐、水样腹泻、视力模糊和极度口渴等症状。通常，这些症状会在一段时间内消失、再出现、再次消失、再次出现。一般在48小时内，中毒者最后一次出现这些症状时，会伴有虚脱、昏迷，直至死亡。即便中毒者幸存，肝脏、肾脏、心脏等器官也无法完好如初。

生存法则

除非你能百分百确定安全，否则千万不要吃陌生的蘑菇。如果发现自己吃了毒蘑菇，一定要设法即刻让自己呕吐，否则赶紧就医寻求专业帮助。

智者箴言

想吃蘑菇就去超市购买吧。

夹竹桃

　　夹竹桃(*Nerium indicum*)原产于地中海和亚洲地区，因其极具装饰性而被引入美国。夹竹桃是一种高大的灌木，高达0.3—6米，芳香宜人。其叶子呈矛状，革质，种子荚长而纤细，种子有毛，花朵簇生在枝末端，呈艳红色、白色或粉色。夹竹桃是世界上最致命的植物之一，其毒性剧烈主要是因为含有欧夹竹桃苷，其作用类似于洋地黄，但在植物领域却鲜有同类。一旦误食，一片叶子就可以放倒一个成年人。儿童仅是吮吸了花朵便会因此丧命。每年都有一些吃了用夹竹桃枝串着的烤热狗，或者吸了篝火堆里夹竹桃枝冒出的烟，或者吸食了夹竹桃花酿成的蜂蜜而丧命的倒霉蛋。马吃了夹竹桃叶子也会中毒而亡，因此有些地方称夹竹桃为"骏马杀手"，也有些地方称其为"驴杀手"。不过，山羊好像对这种毒物免疫。

致命的原因

中了夹竹桃的毒立刻便会引发恶心，紧接着胃剧痛，呕吐严重。几小时后就会出现腹泻带血症状，中毒者会感觉冷和眩晕，心跳变慢而且不规律。困倦和意识不清会导致抽搐、呼吸缓慢及麻痹。一天内，中毒者便会死亡。

生存法则

如果不小心误食了这种毒物，要想办法呕吐，还可以食用活性炭来中和毒素。事实证明，很多药物都可以用来保命，但切记要谨遵医嘱。

智者箴言

醒来闻闻夹竹桃的花香。

100 相思子

　　相思子（*Abrus precatorius*）原产于印度，在当地有20余种别称，包括念珠、螃蟹眼、爱心豆、珊瑚珠、gidee gidee等。它有超强的物种入侵能力，目前已经成功侵入热带、亚热带地区，包括佛罗里达州，进而遍布全球。相思子是一种纤细的木质藤本植物，通常缠绕于乔木、灌木（丛）及树篱上，它的种子一般呈红色，带黑色斑点，相思子因其种子的两种特殊属性闻名于世：（1）能结成串珠。（2）含有几乎是地球上最强的植物毒素。被誉为阳光之州的佛罗里达州官方已将相思子列为本州最危险的植物。

　　相思子中含有相思子毒素，这种毒素与蓖麻毒素对人体产生的伤害类似（见"092蓖麻子"）。另外，和蓖麻相似，相思子的种子只有经过咀嚼而不是整个吞食后才会导致中毒。不过，有证据表明一粒相思子种子就足以在36小时内毒死一个成年人。

致命的原因

　　相思子毒素会阻断细胞生成蛋白质，进而令其死亡。与其他毒素相比，该毒素毒效发作较慢，中毒者一般在8个小时左右才会感觉恶心、呕吐，通常会持续3天。接下来，中毒者会出现痉挛症状，几天后会感觉精疲力竭，肝脏和其他器官开始衰竭，最后死亡。

生存法则

没有专门的解药，只能采用维持疗法，即在医院中得到的救护措施，这样，中毒者会得到很大的生存机会。

智者箴言

多数数身边的幸福之事，少摆弄念珠。

101 白舌根草

　　据传，亚伯拉罕·林肯的母亲死于乳毒病。具体原因是：她大量饮用了一头奶牛产的牛奶，这头奶牛吃了足量的白舌根草（*Eupatorium rugosum*），这些植物含有的毒素毒化了牛奶；或者是，林肯母亲吃了这头奶牛的牛肉导致中毒身亡。无论哪种事实，都足以致命。在确认这种植物的毒性之前，成千上万的早期美国移民与林肯母亲一样离奇死亡。同时，那些牛以及羊群和马群也无辜死去。这便解释了，为什么白舌根草被绝大多数人列为十大致命植物之一。

白舌根草是生长在北美中部和东部的一种草本植物，叶子尖细，花簇小，呈白色。这种植物可以长到1.5米高，叶片对生，长约18厘米。白舌根草多生长在丛林和灌木丛中，不过目前，很难发现它们的踪迹，因为只要有可能，一旦发现它们就会被连根铲除。

致命的原因

人们很少直接吃这种植物，因为味道实在太差。白舌根草的茎叶中含有佩兰毒素，很明显，动物们并不觉得它吃起来有多恶心，而且被它毒死的动物和动物产的奶对人类来说也是不错的食材。中毒者会感到虚弱，浑身颤抖，呕吐，胃很疼。如果摄入量过大，人会昏迷不醒，并一直持续至死亡。

生存法则

没有对症之药，但是在医院得到专业及时的救护会大大提升存活率。

智者箴言

豆浆好处多多。

102 海檬树

从逻辑上分析，可用于自杀的东西也可用于谋杀。尽管道理上讲得通，但海檬树（*Cerbera odollam*）被称为自杀树，以及众多别称，却从未被称作谋杀树。另外，这种植物中的海檬果毒素在尸检中很难发现，因而它被视为完美的谋杀工具。撇开谋杀不谈，有研究人员(此处不愿透露姓名)断言，没有哪种植物比海檬树更常被人类用于自杀。海檬树主要生长在印度，在南亚地区也时有发现，这种植物多成长于咸水沼泽区。海檬树与夹竹桃的亲缘关系较近，特征相似（见"099夹竹桃"）。海檬树是一种硬木，长成后高达9米，叶子长而尖，矛尖状，果实看起来像小杧果，种子剧毒。值得一提的是，虽然海檬树果尝起来较苦，但这种苦不足以让不了解它的人望而却步。

致命的原因

海檬树种子里主要含有海檬果毒素，能破坏心肌正常活动。几小时内，中毒者会相继经历腹痛、腹泻、呕吐和心律不齐。如果摄入足量的毒素，人们就会丧命。足量，一个相对标准，这里指一粒种子足矣。

生存法则

取决于摄入海檬果毒素的量,中毒者可能会存活一两天。因此,一旦误食了海檬树果即刻洗胃。动作越快,存活概率越高。大剂量摄入钾也许可以解毒,此外,没有他法了。

智者箴言

自杀不是暂时性问题的永久性解决方法。

毒芹

　　才华横溢的希腊哲学家苏格拉底提出了可能是有史以来最重要的两个词语：认识自己，之后不久，他就被迫喝了用毒参（*Conium maculatum*）或者一种叫作毒芹（*Cicuta virosa*）的类似的有毒植物煮成的茶而命丧黄泉。显然，他的创新哲学被国家视为极具颠覆性。

　　如你所料，毒芹生长在北美各地的水道两岸或潮湿的草地上，属于伞形科毒参属。毒芹高大挺拔，茎中空，根茎短，切开后会渗出黄色油汁，长有2—3片极窄、齿状的小尖叶，叶片互生，白色小花开在平顶的伞状花簇中，像一个绽开的胡萝卜。整株植物均有毒，尤其是春季里的根茎和幼苗毒性更强。一个成年人因为咬一口根茎就会丧命，儿童仅是玩了用中空的茎做成的射豆枪就会中毒身亡。毒芹中含有树脂状的毒芹素，这种毒素可作用于中毒者的中枢神经系统。许多植物专家认为，毒芹是北温带地区毒性最强的植物。

致命的原因

误食毒芹30分钟内，中毒者就会呕吐，并伴有一两次痉挛。呕吐过后中毒者可能会感觉恢复了很多，但这只是一个虚假的安全感。很快，心跳加速急剧，瞳孔放大，汗如雨下，感觉就像正在参加7月份于南佐治亚州举办的马拉松。接下来，口吐白沫，剧烈抽搐。之后，中毒者胃部剧痛，再呕吐一两次，陷入谵妄，时不时地呼吸中断。再之后，中毒者陷入瘫痪，最终死亡。

生存法则

能够识别毒芹，避免接触。中了毒芹的毒没有特效药。如果误食了这种植物，立即想方设法呕吐。尽快吞服活性炭，并马上就医。

智者箴言

多多了解与水相关的植物。

HOW TO DIE IN THE OUT-DOORS

第 7 部分

灾难性疾病

　　世界卫生组织近期发布公告，地球上大约有13 000种疾病。有些疾病的成因仍然成谜，有些疾病则是人类愚蠢行为所致，比如吸烟。然而，大多数疾病都是由病原体(导致疾病的病菌)感染人类引起的。病菌主要分为四类：微型病毒（一个大头针针尖就可以装下16 000个微型病毒）；细菌（不由自主，四处游走的单细胞生物）；原生动物（具有移动能力的单细胞生物）；真菌（多细胞生物，分解物质并以此为生）。很多病菌能够引发死亡。

104 便秘

　　便秘是一种罕见的、困难的肠道运动，通常是由于肠道内水分过少无法润滑肠道，或纤维水平过低无法保持肠道蠕动而引起的，运动不足会助长便秘。当然，你可以忽视如厕的冲动，直到粪便在体内变硬，当你想去方便时，会发现此时将粪便排出就好比从肠道内推出一块砖（确实如此）。人们在户外时常常忽视如厕这件事，尤其是不习惯于在森林中排便时。从医学角度说，如果一个人每周没有排便三次，基本上就患上了便秘，当然，个体差异始终存在。如果一个人三天不排便，就会感觉痉挛和身体不适。超过五天不排便，肠道内滋生的病菌会引发严重的健康问题。最后，入院治疗很常见，医生可能会通过将一两个手指插入患者肛门解决堵塞，这样便促进了泻药的销售。

致命的原因

无可否认，便秘致死的情况不常见。但在极少数便秘情况下，人体肠道会重新吸收腐烂粪便中的毒素，并将它们输送给身体的其他器官组织。

生存法则

大量饮水，合理膳食。如果你还是便秘，喝更多的水，吃大量的谷物、水果以及蔬菜。少吃花生酱、奶酪和高脂肪食物。为了增加肠道蠕动，很多人使用大便软化剂——最好是栓剂。

智者箴言

是的，有些东西就是一坨屎！

105 登革热

　　我们必须再谴责蚊子一次。主要是埃及伊蚊(*Aedes aegypti*)身上有时会携带登革热病毒，这些蚊子每年能导致地球上热带地区4亿多人感染登革热。值得注意的是，登革热不会人传人。被感染了登革热病毒的蚊子叮咬，当事人可能一无所知。并非所有感染登革热病毒的人都会出现相应症状，而且很多人症状都较轻，通常仅仅是低热。然而，有成千上万的感染了登革热病毒的人情况严重：高热，头痛，呕吐，关节及肌肉剧痛，出现皮疹。如果患上登革热，患者在一周之内会感觉极度不适，之后好转。没有专门的药物可以治疗登革热，不过可以通过维持疗法提升康复概率。感觉难受时，可以多喝水，千万不要服用阿司匹林、布洛芬及其他能导致出血的药物。

致命的原因

　　每年的统计数据都有所不同，但1%—5%的登革热患者会患上登革出血热和登革休克综合征，并最终死亡。第一，患者会出血直到循环系统衰竭；第二，患者血压低至无法维持生命。

生存法则

目前，没有疫苗。所以，规避登革热病毒唯一的方法就是避免被蚊子叮咬（见"025蚊子"），或者远离热带地区。

智者箴言

使用驱虫剂好过成为驱虫剂。

106 腹泻

《塔博尔医学词典》*将腹泻描述为"频繁的不成形的水样排便"。有严重腹泻困扰的人常常宣称"生不如死"。此时，他们可能患上了两种最严重的腹泻类型中的一种，即侵蚀性腹泻（Invasive diarrhea），这种腹泻由细菌引起，又被称为痢疾，侵袭下肠壁，引发炎症、脓肿和溃疡，溃疡可导致大便中混有黏液和血液（通常是消化液作用下的"黑血"），还可能导致高热、肝胆欲裂般的胃部痉挛，同时，大量体液从下体涌出。第二种腹泻类型是非侵蚀性腹泻，由微小的细菌群引起。这些细菌在肠壁上建立了自己的组织，但没有入侵肠壁。这些细菌释放的毒素会引发痉挛、恶心、呕吐，有时还会迫使大量液体从人的下消化道喷涌而出。腹泻经常源于人们有意无意间的饮食，可能由细菌、病毒和原生动物等不同原因导致，短至6小时，长达3周甚至更久才能康复。

致命的原因

不管成因是什么，腹泻症状都可以分为轻微、中度和严重3个级别，这取决于排便的频率、痉挛的疼痛程度、大便含水量，以及恶臭程度——这个标准取决于个人观点。然而，所有的腹泻患者都有一个共同点，即水从肛门流出——有时成为液体海洋，在严重的情况下，24小时内多达25升。更严重的病例中，腹泻可导致人严重脱水致死（见"122脱水"）。

生存法则

补充水分。清水是最佳选择，如白开水、肉汤、花草茶和果汁。如果病情不见好转，需要补充额外的电解质，尤其是钠离子。服用碱式水杨酸铋（Pepto-Bismol）应该会起作用，但功效更强的药物需要24小时后才能服用。如果腹泻持续24—72小时甚至更久，特别是如果你感觉自己得了痢疾，那就赶紧就医吧。

智者箴言

人如其食。**

Taber's Cyclopedic Medical Dictionary，作者为 Donald Venes MD MSJ，F.A. Davis Company 于 2021 年 2 月出版第 24 版。——译者注

** 西方谚语，指饮食可反映一个人的性格与生活环境。——译者注

107 汉坦病毒

　　除了通过啮齿动物的尿液，汉坦病毒也可能通过其粪便和唾液传播，传播介质一般为尿液雾化或者干燥粪便及巢穴产生的灰尘。这种病毒多见于鹿鼠身上，松鼠和花栗鼠身上也常携带这种病毒，其他小型啮齿动物身上也可能携带该病毒。到目前为止，还没有发现这种病毒在人类和昆虫之间或人与人之间传播。当你在一个啮齿类动物出没的老屋里闲逛，或者睡在附近有巢穴的地面上，或者在户外随意扎营露宿，引得患病的啮齿动物造访时，你很可能会被汉坦病毒感染。无关年龄、体重、身高、性别或种族背景，人一旦吸入这种病毒颗粒，都会附着于肺部。

致命的原因

汉坦病毒感染的潜伏期通常为2—4周，发作初期肌肉疼痛、发热，病人会自认为是患上了某种流感。接下来会出现更多症状，让人更加确信之前的判断无误，的确是患了流感。之后，咳嗽、头痛、腹痛，伴随着眼睛发痒、发炎。再之后，病人会突然间患上急性呼吸窘迫综合征，表现为肺部积液，呼吸严重困难，并逐渐恶化，直到无法呼吸。迄今为止，每3个确诊为感染了汉坦病毒的患者中就有一个死于这种疾病。

生存法则

马上入院就医，虽然没有具体的治疗方法，但专业及时的医疗护理能给患者提供最大的生存机会。

智者箴言

永远不要出卖你的朋友。*

* 原文为 Never rat on your friends，rat on 为背叛之意，rat 则是老鼠之意。——译者注

108 钩端螺旋体病

钩端螺旋体属是裂殖菌纲的一种纤细的、螺旋状的微生物，其螺旋体具有钩状或弯曲的末端，钩端螺旋体病是这些微生物进入人体后引发的疾病。钩端螺旋体病在热带和温带地区均有发生，尤其在东南亚、拉丁美洲的一些国家和地区最为常见。最近的病例已从中美洲南部地区传回美国。

尽管受感染的野生动物，包括一些青蛙和蛇，本身并没有表现出患病的迹象，但钩端螺旋体可以通过它们的尿液自由排出。在美国，人类感染病例通常每年不足100例，最常见的感染途径是人体接触受污染的水，有时是接触受感染的土壤。人口是钩端螺旋体进入人体的主要途径，但这种微生物也可以通过人体擦伤的皮肤、眼睛和嘴巴的黏膜"蠕"进入人体。无意间触碰到受感染的动物血液和组织也能导致感染。

致命的原因

钩端螺旋体类型多样，但它们在人体中产生的体征和症状基本相同。该微生物侵入人体后1—2周，是钩端螺旋体病发病两个阶段的第一个阶段。该阶段一般会持续4—7天，许多患者出现发热、恶寒、头痛、淋巴结肿大、不适和干咳等症状。休息几天后，患者开始出现第二阶段症状，持续不断的低热和剧烈头痛，偶尔出现斑疹。另外，患者在两个阶段都可能出现肌肉疼痛、胃痛、恶心和呕吐等症状。当这些微生物进入人体肾脏、肝脏或心脏时，死亡率约为5%，常见于儿童和年老体弱者。

生存法则

钩端螺旋体病的治疗过程相当复杂，包括使用抗生素杀死钩端螺旋体，以及之后对抗并发症。患者需要专业的医疗救护。

智者箴言

闭嘴。

莱姆病

螺旋体状的伯氏疏螺旋体菌（*Borrelia burg dorferi*）属于螺旋体目，可以引发莱姆病。1975年，这种疾病首次被发现于康涅狄格州莱姆附近地区，现在美国至少有45个州认为该病是由该地区的蜱虫传播的，鹿蜱是罪魁祸首。之后，莱姆病，或类似于莱姆病的其他疾病，在欧洲、亚洲及澳大利亚突然出现。伯氏疏螺旋体菌生活在动物体内，鹿鼠是最主要的宿主，蜱虫以受感染的鹿鼠血液为食，然后将疾病传给人类，如果有人恰好在合适的时间，即蜱虫的进食时间，出现在它们附近。

致命的原因

莱姆病发病期分为三个阶段：（1）在被蜱虫叮咬后平均7天，许多人身体某些部位会出现边界明确的红疹，消退后会在其他部位再次出现，一般持续4周。（2）在伯氏疏螺旋体菌进入人体几天到几周内，患者会感觉不适和疲惫，而且越来越严重。此外，还会出现如低热、肌肉疼痛，以及其他你可能会联想到"流感病毒"的体征和症状。这一阶段也会持续数周。（3）大约一年后，患者膝盖和其他大关节开始疼痛。但事实上，莱姆病很难致死。除非患者走了霉运，这种细菌进入他的心脏并导致维持心脏跳动的脉冲阻塞，而且阻塞足够严重，无法逆转。

生存法则

随着抗生素的使用，病菌会被消灭。如果用镊子将嵌在皮肤附近的蜱虫轻轻钳住，然后直接拔出来，你可能不会患上莱姆病，但要保证蜱虫侵入人体内不足48小时。切记，蜱虫更喜欢嵌入人类身体黑暗、温暖、潮湿、尴尬的部位。每4个蜱虫中就有一个嵌在你自己看不见的地方！

智者箴言

在勾选时间，你知道谁是你真正的朋友。*

* 原文为 At tick check time you learn who your real friends are，tick 有蜱虫和打钩的意思。——译者注

110 疟疾

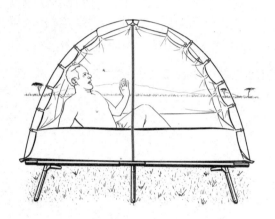

最近几年，全世界每年都会新增2亿疟疾病例，这一趋势已经维持了相当长一段时间。这些疟疾患者都是被称为按蚊的雌性蚊子叮咬后患上的这种传染病，因为按蚊唾液中含有一种疟原虫属的寄生原生动物。大约五分之四的疟疾患者发病症状都很"简单"，与普通流感相似，不久后患者就会康复。

另外的五分之一疟疾患者会死亡，通常发生在非洲，但并非总是如此，一般情况下，孩子是死亡的主要群体。确切来说，每年死于疟疾的人数接近50万。但在美国，严重的疟疾病例比较罕见。

致命的原因

一旦进入血液，疟原虫属的寄生原生动物就会冲向人类的肝脏，在那里定居、成长、繁殖。然后，寄生原生动物在人体内传播，杀死血液中的红细胞，这有可能就是疟疾患者死亡的原因。如果它们侵占了大脑，也会造成疟疾患者死亡。更糟糕的是，如果肺部被这些寄生原生动物攻陷，疟疾患者便无法吸入足够的空气，即便使出很大力气也无济于事，最终悲惨死去。

生存法则

适时服用抗疟疾药物会在发病之前杀死体内的寄生原生动物。如果感染了疟疾，一些对症的药物可以帮助患者康复。当然，最好是避免被按蚊叮咬（见"025蚊子"）。

智者箴言

相信那些药品。

111 鼠疫

　　1347—1350年，由鼠疫杆菌(yersinia pestis)引发的黑死病，最初暴发于亚洲，最终导致大约2500万(约占欧洲人口的三分之一)欧洲人死亡，其中包括十分之九的英国人。然而，在那段毁灭性时期之前，甚至在公元前，关于鼠疫肆虐的记载早已广为人知，同时也令人恐惧。

　　一些啮齿类动物身上携带鼠疫杆菌，主要通过啮齿类动物身上的鼠蚤的叮咬进行传播，而啮齿类动物和鼠蚤都会被病菌感染致死，这是鼠疫这种疾病的不同寻常之处。其中，黑鼠（*Rattus rattus*）极易感染，被认为是黑死病的罪魁祸首。在美国，鹿鼠和各种田鼠身上携带着这种病菌。这种病菌在土拨鼠和地松鼠身上比较活跃。其他可能携带这种病菌的啮齿动物包括花栗鼠、木鼠、兔子等。

　　途经受感染区域的徒步旅行者和露营者面临着很大危险。食肉宠物吃了受感染的啮齿类动物，或者被受感染的鼠蚤叮咬后很可能感染鼠疫。狗一般不会感染鼠疫，但猫会。目前，由狗传染给人类鼠疫的病例极为罕见，但猫却经常通过咬人、打喷嚏或身上携带感染病菌的跳蚤将鼠疫传染给人类。在野外，土狼和山猫被人类猎杀剥皮后，可能会将鼠疫传染给人类。臭鼬、浣熊和獾都有可能使人类感染这种病菌。另外，鼠疫患者也极易传染他人。

致命的原因

鼠疫分很多种，最主要的3种为流行性淋巴腺鼠疫、败血症鼠疫、肺鼠疫。患上流行性淋巴腺鼠疫时患者身上会出现淋巴结肿大现象，因此得名。在2—6天的潜伏期后，患者通常会出现发热、寒战、不适、肌肉疼痛、头痛等症状。因为患者皮肤上会生出黑疮，因此流行性淋巴腺鼠疫便有了另一个名字，即黑死病。正因为如此，患者在死亡时无法留下体面的外表。败血症鼠疫患者症状与上述类似，但不会出现淋巴结肿大现象。患者一般会出现胃肠道疼痛，伴有恶心、呕吐及腹泻等症状。肺鼠疫通常是由患者吸入受感染的飞沫引起的，也有可能是通过进入血液中的病菌导致的。患者咳嗽时，痰中经常带血。感染血液和肺部分别是败血症鼠疫和肺鼠疫，感染上这两种鼠疫的存活率要低于流行性淋巴腺鼠疫。但无论哪种类型鼠疫都会对人类生命造成极大威胁。

生存法则

如果怀疑患上了鼠疫，需要寻求适当的药物治疗，这样会有很大生存可能性。预防措施包括远离啮齿类动物，避免触碰生病或死亡的啮齿类动物，路过受感染区时看好自己的猫和狗。

智者箴言

离跳蚤远点。

112 狂犬病

到了20世纪90年代，美国每年只有不足2人死于狂犬病，而这些数量不多的感染案例多是由蝙蝠咬伤引起的。但放眼全世界，每年有40 000—70 000人死于这种疾病。虽然狂犬病通常被认为是一种食肉动物易患的疾病，但理论上任何哺乳动物都可能患上狂犬病，其中，奶牛是最常见的携带狂犬病病毒的家畜。尽管"疯狗"这个词早已家喻户晓，但实际上患狂犬病的猫的数量超过了患狂犬病的狗的数量。某地的统计数据显示，过去一年共发现290只患上狂犬病的猫，而同年患病的狗只有182只。不幸的是，患上狂犬病的野生动物数量似乎正在上升。自1975年以来，美国本土的浣熊中有超过5万多狂犬病病例。臭鼬被感染的概率也很高。相关专家调查研究后得出结论，蝙蝠、浣熊和臭鼬占美国野生动物狂犬病病例的96%，剩下的4%主要是狐狸和土狼。狐狸是欧洲狂犬病的主要传染源;波多黎各是猫鼬;非洲、南美洲和亚洲大部分地区是狗;印度是狼;以色列是豺。

在超显微镜下，这种病毒的形状酷似一颗子弹，贮存在被感染动物的唾液中，当人被这些动物咬伤后，病毒便会附着在伤口周围神经上，缓慢但坚定地沿着神经向大脑移动。由于狂犬病病毒在侵入中枢神经系统之前不会引起任何反应，因此当人们发现自己被感染时大多为时已晚。一旦病毒在大脑中生长繁殖，必然会导致死亡。在人类宿主死亡之前，病毒在神经元中繁殖后，会沿着神经在皮肤、角膜、唾液腺等不同部位聚集。此时，狂犬病患者可以传染别人。大约在公元前的美索不达米亚，医生们第一次描述了狂犬病患者死亡过程的恐怖症状。患者有时仅仅是因为看见了水便会导致无法吞咽，因此，狂犬病也被称为恐水症。

致命的原因

狂犬病的早期症状主要为疲劳、头痛、易怒、抑郁、恶心、发热和胃痛，大多比较常见，感觉就像是在办公室工作一天后的日常状况，因而很难引起人们的特别关注。也许只有一种方法可以确定人是否患上了狂犬病，即死亡！但发病伊始，患者会出现狂乱的幻觉，包括一幕幕无法解释的恐惧，还有极度痛苦的吞咽，以至于惧怕任何液体甚至口水。同时，肌肉痉挛频发，尤其出现在面部和颈部。最后，完全迷失方向，高热不退。

生存法则

被咬后，及时注射狂犬疫苗会杀死病毒。

智者箴言

永远不要喂咬人的嘴。

113 沙门菌病

地球上有很多种沙门菌存在于家畜和野生动物身上。如果你能看到那些你本来看不到的微小东西，你就会发现常见的沙门菌，当它们进入人体肠道后，便会导致人们生病。这种病菌通常通过人们食用不干净的食物和水而进入人体肠道。一般来说，未煮熟的肉、生鸡蛋、奶制品等任何生的食材都可能含有沙门菌。沙门菌可以在变质的食物内存活数周，而在受污染的水中存活数月。人手上就会很容易沾上病菌，然后吃了用手拿过的干净的食物，病菌便轻而易举地进入人体。在美国，每年大约有120万人患上沙门菌病(包括腹痛、腹泻和发热)。大多数人会认为他们遭遇了食物中毒，每年400—500人会死于沙门菌病。在地球上的某些欠发达地区，由于缺乏良好的医疗保健，在某些年份，沙门菌病患者的死亡率高达20%以上。

致命的原因

在美国，沙门菌病患者的死亡率极低，但是值得注意的是，病菌基本上会存活在人体的肠道中，也有可能进入血液系统，进而迁移到其他重要器官，一旦这些器官受感染无法正常工作，沙门菌病患者就很可能因此丧命。

生存法则

　　一定要把肉彻底烤熟。进食生的食材前一定要清洗，更重要的是，备餐前一定要洗干净手。在户外，使用液体消毒剂进行杀菌处理。

智者箴言

脏手是魔鬼的工具。

114 落基山斑点热

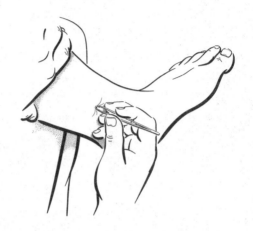

　　落基山斑点热（又称立氏立克次体斑疹热）是由蜱虫叮咬传播的一种急性地方性传染病。虽然这种传染病最早是在落基山脉被诊断出来的，但它并不局限于此处。事实上，在美国各地都有这种传染病的踪迹，近期的大部分病例出现在北卡罗来纳州和俄克拉何马州。落基山斑点热是一种会让人伴随高热出疹子的疾病，由寄生于蜱虫体内，尤其是木蜱和美国狗蜱体内的立克次氏立克次氏体（*Rickettsia rickettsii*)原核生物引发。这种介于细菌与病毒之间，而接近于细菌的原核生物非常适应人体内环境。蜱虫以吸食温血哺乳动物的血液为生，如果被叮咬的哺乳动物感染了立克次氏立克次氏体，那么蜱虫就会携带这种原核生物，一旦它们叮咬了人类，就会传染给人类。落基山斑点热是美国最危险、最致命的立氏立克次体疾病。

致命的原因

从被蜱虫叮咬到确认患病，落基山斑点热的潜伏期一般为2—14天。伴随着突发的高热、发冷、头痛和肌肉疼痛，患者皮肤上会出现皮疹，并蔓延至全身，包括手掌和脚底。患者还会出现胃痛、呕吐、腹泻等症状，还有可能对周围发生的事情感到困惑。这个时期患者的存活概率很高，但如果发展下去，立克次氏立克次氏体这种原核生物会侵入人体动脉（小动脉）血管壁以及心肌。在被蜱虫叮咬后短短6天内，人体脉管系统就会崩溃。如果不进行有效治疗，落基山斑点热的致死率可达30%。

生存法则

通过使用抗生素治疗，可使落基山斑点热致死率降至3%—5%。如果能及时移除正叮咬人的蜱虫，可以大大降低感染概率。

智者箴言

别生气，把蜱虫赶走。*

* 原文为 Don't get ticked off, get the tick off, get ticked off 为生气的意思，tick 可翻译为蜱虫。——译者注

115 破伤风

耐寒性很强的破伤风梭菌（*Clostridium tetani*）的孢子广泛存活于这个星球上的土壤和植被中。大约每10个人中就有1个人的肠道携带这种病菌。在破伤风梭菌进入厌氧环境中后，比如散落在"肮脏"的伤口底部时，其孢子就会发芽并释放毒素。这种毒素被称为破伤风痉挛毒素，会引发破伤风，这种疾病从古希腊医学时代就被大众所熟知了。即使在今天，成年破伤风患者的死亡率也接近40%，而儿童患者更是接近90%。这便是为什么即使是很小的婴儿也要接种破伤风疫苗的原因。

致命的原因

破伤风的潜伏期为1—55天，但一般会在2周内出现症状。破伤风痉挛毒素会在人体内的神经系统中传播，干扰抑制性递质的生成，这意味着患者将会出现剧烈的肌肉痉挛。下颌肌肉僵硬（破伤风引起的牙关紧闭）伴随吞咽困难通常是破伤风患者首先出现的症状。预期交感神经系统受累的迹象包括心率加快、出汗、血压升高。同时，常常伴有癫痫发作。呼吸可能会变得非常困难，呼吸衰竭往往是破伤风患者死亡的最终原因。

生存法则

　　破伤风疫苗接种与时俱进，保证至少每10年注射一次。

智者箴言

　　"打针"并非总是坏事。

116 旋毛虫病

旋毛形线虫(*Trichinella spiralis*)幼虫寄生在动物的骨骼肌中，之后被其他一些饥饿的肉食动物（比如人）吃掉。在小肠内，这些寄生虫通常在48小时内成熟并完成交配。雌虫会将幼虫产在附近的黏膜组织中。之后，幼虫蠕动进入淋巴系统，接着进入循环系统，最终侵入骨骼肌。在3周内，幼虫会被骨骼肌包囊住，吃了包囊幼虫的骨骼肌的其他动物，很有可能感染上旋毛虫病。尽管任何食肉哺乳动物和杂食性哺乳动物都可能患上旋毛虫病，但人类感染这种疾病的主要原因是食用了生的或未煮熟的猪肉。虽然啮齿类动物经常被感染，但小鼠和大鼠很难勾起人类的食欲。熊、浣熊、负鼠、海豹、海象、野猪等是旋毛形线虫常见的宿主，而这些动物经常会成为餐桌上的美味佳肴。

致命的原因

很多人并不知道自己体内寄生着旋毛形线虫，在吃了被感染的猪肉第一周，被感染者可能会出现胃肠道不适症状，包括疼痛、恶心、呕吐及腹泻，其严重程度取决于进入体内的旋毛形线虫幼虫数量。第二周，在这些幼虫于人体内游走过程中，人体内毛细血管会遭受损伤，通常表现为面部水肿，还可能导致甲床和结膜出血。这些幼虫很可能侵入肺部系统，引起咳嗽和胸痛，或者侵入心肌，引起心肌炎，严重时可导致患者死亡。胃肠道不适症状会持续4—6周，直到所有旋毛形线虫排出体外。由于旋毛形线虫幼虫在骨骼肌中囊化，会经常造成患者肌肉疼痛和僵硬。在侵入人体6—18个月后，这些幼虫才会死亡并钙化，这段时期通常是无症状的，患者也便幸存了下来。

生存法则

对症的药物可以有效杀死旋毛形线虫成虫，但无法清除幼虫。当被感染者等待命运安排时，医生会告诉你该怎么做。

智者箴言

猪不会游泳也不会飞，但有时猪可以要了你的命。*

* 原文为 Pigs can't swim and pigs can't fly, but pigs can sometimes make you die，读起来很押韵。——译者注

117 兔热病

1837年，日本内科医生索肯(Soken)首次在因为食用了变质兔肉而感染的患者身上发现了这种传染病，即兔热病。自1967年以来，美国每年确诊的病例均未超过200例。1912年，麦考伊(Mccoy)从美国加利福尼亚州图拉县的啮齿动物中分离出来一种新的病菌，从此，这种由土拉弗朗西斯菌(*Francisella tularensis*，简称土拉弗氏菌)引发的传染病俗称土拉菌病(土拉杆菌病)。

土拉菌病曾经的确是因为与兔子不健康接触引发的疾病，但到目前为止，蜱虫被认为是这种病菌最主要的传播载体。很多种蜱虫都携带着这种病毒，其中的狗蜱和孤星蜱是最常见的宿主。由于在蜱虫的唾液中没有发现病菌，所以专家们认为它们是经由蜱虫的粪便传播的。兔子仍然是第二常见的传病媒介，但只有在人们处理兔子身上受感染的组织器官，如给兔子剥皮或切除内脏时才会感染。人类也能通过接触异样的水和土壤而感染兔热病，比如触碰、摄入、吸入受污染的灰尘或水。

致命的原因

大多数病例表现为突发高热和头痛。大约80%的兔热病病例是溃疡腺型兔热病，通常表现为在被蜱虫叮咬的下肢或者接触了受感染组织的手之上出现红色肿块，之后变硬、溃疡。溃疡会很疼，另外，肿大的淋巴结一触即痛。伤寒型兔热病是另一种常见的兔热病类型，可引发高热、寒战和虚弱。患者体重会明显下降，淋巴结肿大较小。肺炎是相对常见的兔热病并发症。如果患者得了严重的肺炎，死亡率就会从5%增至30%。

生存法则

采取一切预防措施防止被蜱虫叮咬。如果不得不处理死去的动物，尤其是兔子，务必戴上手套。如果感觉生病了，赶紧就医。及时使用抗生素基本上会治愈这种传染病。

智者箴言

让死去的兔子入土为安吧。

118 西尼罗病毒病

1937年，乌干达，第一例西尼罗病毒病被正式确诊。直到1999年夏天，美国才确认了已知的病例。自从纽约地区出现第一个感染者以来，全国各地都报告了这种传染病，东北极端地区和夏威夷除外。

蚊子似乎是因为叮咬了受感染的鸟类而感染了西尼罗病毒，并将病毒储存在唾液腺中，然后在叮咬人类时将病毒传播。相关专家们在马、猫、蝙蝠、花栗鼠、松鼠、臭鼬和家兔身上也发现了西尼罗病毒，但是没有证据可以证明，如果没有蚊子作为传播媒介，人类可以从其他动物（包括其他人类感染者）身上感染西尼罗病毒。

不足五分之一的感染者不会出现任何症状。西尼罗病毒病的潜伏期一般为3—14天（有些专家认为是5—15天），绝大多数患者的症状都比较温和，像流感一样。症状包括发热、头痛、肌肉疼痛，偶尔患者身体躯干部位会出现皮疹以及淋巴结肿大。这些症状最终会在几天内消失。

致命的原因

在极少数情况下，约1/150的病毒会穿过血脑屏障，导致严重的脑部炎症，即西尼罗脑炎；或者导致大脑和脊髓周围膜的严重炎症，即西尼罗脑膜炎；或者导致大脑及其周围膜的严重炎症，即西尼罗脑膜脑炎。患者可能会出现严重的症状，包括头痛、高热、颈部僵硬、昏迷、定向障碍、昏迷、震颤、抽搐、肌无力和瘫痪等。严重时，这些症状会持续数周，而且对神经系统的影响是不可逆的。在美国，只有不到0.1%的患者最终死亡。

生存法则

通过验血可以检测出患者是否感染了西尼罗病毒。不幸的是，目前还没有具体的治疗方法，但维持疗法可使绝大多数患者完全康复。

智者箴言

一个人被闪电击中的概率略高于死于西尼罗病毒病的概率。

HOW TO DIE

第8部分

TO

自然灾害

IN THE OUT-DOORS

　　好吧，大自然既不邪恶也不恶毒，除非你认为你漠不关心的事物都是邪恶的。大自然对任何事都不在乎，但它遵守规则。这些规则包括：人类必须有几乎恒定的氧气流动；人类必须摄入一定数量的热量；人类必须维持一个特定的、相当狭窄的核心体温范围。没有什么能绝对肯定地解释这些规则从何而来？但可以肯定的是，规则遭到破坏可能而且经常导致人类死亡。

119 高海拔

当你爬山时，每向上爬一点儿，相对应的空气压力就小一点儿。海拔5486米高处的空气压力大约是海平面空气压力的一半，这就意味着你每次吸进空气填满肺，得到的氧气量只有在迈阿密海滩上同样呼吸得到的氧气量的一半。你的身体必须适应在低氧条件下运动，否则，你可能会死于高海拔疾病。

致命的原因

几乎每个爬到高处的人都经历过缺氧带来的身体不适，包括头痛、恶心、疲劳、倦怠、食欲不振、失眠等。有些人情况会更严重些，肺部出现积液，这种情况称为高原肺水肿（HAPE）。

出现积液的原因尚不清楚，但众所周知，如果积液过多，人便会呼吸困难，甚至在休息时也会胸痛和咳嗽。如果不尽快回到低海拔地区，人就会被自己身体内的积液呛死。

其他一些在高海拔地区的人，尤其是在极端高海拔地区，大脑中会出现积液，这种情况称为高原脑水肿。具体表现为：丧失协调能力，突

260

然间头痛欲裂，失去正常的精神敏锐度，在大脑被不断飙升的压力压垮致死之前，当事人会有怪异的性情变化。

生存法则

若想增加在高海拔地区生存的概率，最重要的是在身体适应不断下降的空气压力之前，不要加速登高。如果开始感觉不舒服，马上停止上升，直到身体状况恢复如初。如果情况没有好转，躺下调整。最后，回到低海拔处一般会使不良反应消失。

智者箴言

有人住在山谷深处是有原因的。

120 雪崩

　　任何时候，当倾斜表面上积聚大量积雪时，就会引发雪崩。雪崩分为
两种类型：一种是松动雪崩，也称为点散雪崩，它从一点释放出来，在下
降时呈扇形状散开；另一种是板状雪崩，又称为雪块雪崩，它沿着一条很
长的断裂线断裂，下降时形成巨大的滚落块。积雪通常在30°—45°的
斜坡上滑动，实际上，雪崩会发生在任意方向的斜坡上，但通常来说，朝
北、朝东的斜坡上发生雪崩的频率要高于朝南、朝西的斜坡。宽阔的斜
坡向下弯曲成"碗状"，而狭窄的斜坡受地形限制，积雪越多，发生雪崩
时越危险。在下大雪期间和大雪刚结束时发生雪崩最危险。雪崩地形的

主要迹象是之前在那里发生过雪崩的证据，包括斜坡底部的碎石，斜坡顶部的断裂线，附近山坡被森林覆盖时树木的消失，以及山坡上的树枝被折断。

致命的原因

雪崩有两种形式可以使人丧命：（1）把人埋起来，使人窒息而亡。（2）猛击重压人的脖子、头骨或其他非常重要的身体部位，使其断裂。

生存法则

如果想幸免于难，除了老老实实待在家里，有一些重要的事需要我们牢记：（1）当发现雪开始滑落时，赶紧水平跑到一个安全的地方，或者至少跑到一个滑行力较小的地方。（2）如果被落下的雪困住了，赶紧扔掉身上的所有累赘，开始疯狂地游泳。（3）尖叫一次，然后闭上嘴，这样就不会被雪塞满嘴了。（4）如果被落雪埋上了，一旦雪滑落得有些许缓慢，赶紧奋力向地面挣扎，或者至少试着给自己创造出一点儿呼吸空间，以备有人来营救。

智者箴言

大多数致命雪崩都是由它们杀死的人触发的。

263

121 一氧化碳

　　一氧化碳（CO）是一种看不见、无味、无刺激性的气体，在大量吸入之前，人们甚至不知道自己已经中了它的毒。这种气体是汽油、煤油、天然气、木炭或木材等碳基燃料燃烧不完全的结果。比如，在帐篷里使用户外炉灶时，因为密闭空间中氧气不足使得燃烧效率低进而导致生成一氧化碳。在美国，每年中毒死亡人数中大约有一半是由一氧化碳导致的，因此这种气体成为中毒致命的主要因素。

致命的原因

一氧化碳被吸入人体后便会进入血液，它与红细胞中血红蛋白的结合能力是氧气的200—250倍，而血红蛋白的任务是将氧气输送给体内细胞。一旦与一氧化碳结合，血红蛋白就无法携带足够的氧气，也不能有效地释放附着的氧气。

当一氧化碳的附着量达到血红蛋白承载量上限的10%时，人们便会出现剧烈头痛、恶心、呕吐等中毒症状，同时可能会丧失手的灵活性。达到30%时，中毒者会变得易怒、判断力下降、思维混乱。此时，呼吸会变得异常困难，中毒者会开始昏昏欲睡。当达到40%—60%时，会导致中毒者昏迷。超过60%后是致命的，通常导致中毒者心衰。

生存法则

当刚刚发现一氧化碳中毒时，即刻转移到空气新鲜处，几个小时就会完全恢复。如果不及时撤离，时间久了，即便最终转移到安全地方也会中毒身亡。中毒者需要高流量吸氧，甚至可能还需要高压氧舱才能存活下去。

智者箴言

呼进好空气，呼出坏空气。

122 | 脱水

人体内含有大量的水，但每时每刻都在流失水（见"126中暑"），所以，人们必须经常通过饮水来补充体内水分。当水流失量大于摄入量时，人体便会出现脱水症状。如果脱水比较严重，会危及生命。

众所周知，人们在出汗、小便、大便时会排出体内水分，腹泻和呕吐会增加排水量。如果在野外无法找到饮用水源，那将是非常危险的。地图上那些细小的蓝线代表了那里是干旱之地。

因为人体早期脱水一般不易察觉，所以要多注意持续的口干口渴状态。脱水情况严重时，人便会变得虚弱，伴随轻微头痛，并感觉困惑不已。如果出现头疼、心跳加速症状，不要感到惊讶。此时人会晕倒，如果小便量很少或者没有，并且不再出汗时，事情就变得很糟糕了。

致命的原因

脱水致死主要表现在两个方面：（1）人体血液中含有大量的水，当人体脱水时，血容量会随之下降。如果血容量过低，血压也会过低，人会死于休克。（2）体内水分流失意味着人体流失了维持器官正常运转所需的电解质。当心脏运转不畅时，会表现为跳动不稳定，甚至完全停止跳动。

生存法则

多喝水，保持小便正常。足量饮水，保证尿液呈淡黄色，并像杜松子酒那般清澈。但不要饮水过量（见"127低钠血症"）。

智者箴言

好吃好喝好娱乐。

123 | 地震

　　地壳中任何突然释放的能量引发地面震动的现象都被称为地震。大多数地震是在构成地球表面的两个板块彼此相向运动时产生的，而且这种运动时刻存在。据估计，每一年地球上都会发生约100万次大大小小的地震。如果发生地震的区域（大多数地震发生的地方）里氏震级较低，比如3级或更低，人们可能不会有感觉。当震级为里氏3级以上时，地面会明显晃动，到达里氏7级时，地面会发生位移。当然，地面晃动和破裂越多，破坏就越大。危险发生不仅取决于地震强度，同时也取决于人们离震中的距离。另外，地震也会导致山体滑坡、雪崩（见"120雪崩"）、火灾、洪水和海啸（见"135海啸"）。

致命的原因

一场地震可能引发多种死亡事件发生，如果不考虑火灾和洪水等致命事件，人们最有可能死于砸伤。

生存法则

一般情况下，地震无法准确预测，但我们可以确定是否处在地震带。发生地震时，如果我们在建筑物中，最好待在那里不要动。不要躲在厨房里，找一个坚固的家具遮挡住自己，并远离窗户。抱头蹲下，坚持住。如果正在驾车，靠边停车，不要出来。

如果在户外，尽快找到开阔地带，逃离电线、大树、悬崖，或者有可能砸到自己的东西，然后躺下。

智者箴言

颤抖并不总是紧张的表现。

124 坠落

据相关研究得出结论，从某处坠落是世界上第二大意外死亡原因（如果你看到一辆疾驰的汽车将行人撞倒，你就知道第一大意外死亡原因了）。另据相关研究可知，在野外从某些高处坠落是这类意外发生的主要原因。而决定意外坠落是否致命包括几个方面：（1）坠落地点的高度（高度越高，致命性越强）。（2）坠落后撞到何物（石头是最致命的）。（3）落地时的部位（一般情况下，头部落地是最危险的）。

综合分析，坠落是否致命很大程度上取决于当事者的运气。有的攀登者从18米高处坠落，双脚着地，然后爬了起来。根据专业的分析报告，可以证实的是，有人从18米以上的高空坠落，侧身着地，最终幸存。但另一种情况，有徒步旅行者从潮湿的圆木上滑落，撞到了头部，导致死亡。

致命的原因

专业的统计数据显示，坠落者坠落后脊椎断裂导致死亡的概率最大，而颈部是一个特别容易断裂的部位。另外，根据最近一段时期的坠落致死案例分析，很大一部分死者是因为发生意外后主动脉撕裂、失血过多而导致的死亡。

生存法则

避免摔倒。不要置身于没有保护措施之地，以免意外发生。

智者箴言

就像从木头上掉下来一样简单。*

* 原文为 It' s as easy as falling off a log，是俚语，翻译为极其容易。——译者注

125 | 坠冰

　　每年都有成千上万的冬季爱好者漫步在冻冰的湖泊和河流上，在上面钓鱼、滑冰、滑雪，人们有时就像俗语所说的小鸡，只是为了到达另一边。绝大多数人都安然无恙，但有一些心存侥幸的莽夫经常在结的冰还不足以承载人体重量时贸然上去游玩。冰面下流动的泉水和冰面上盘旋的风有时会造成冰面很薄而存在潜在危险，除非深入其中，否则很难察觉。被积雪覆盖的湖面可能会结很薄的冰，因为雪阻隔了水面，使得那里无法结足以承载重物的厚冰。大多数情况下，河水奔流的河流表面很难结足够厚的冰，无法支撑住人的重量。在冰面破裂，人落水之前，冰面通常会出现裂缝，然后坠入冰水中的人们会感觉冷得让人麻痹。

致命的原因

很多人错误地认为，人们坠冰后几分钟内就会因为体温过低(见"128低温症")而丧命。事实并非如此。即使在最寒冷的冰水环境中，人体核心温度至少需要半小时才能降至低温点。坠冰致死情况一般是这样发生的：突然坠冰后，突如其来的寒冷会迫使人猛吸一口凉气，但此时人的头浸在冰水中，就这样人溺水而亡。另外一种情况，坠冰后头部还在冰水上方，坠冰者惊慌失措，挣扎一阵后沉入水中，最终死亡。

生存法则

坠冰后千万不要惊慌。第一时间平静下来控制呼吸。用之后的10分钟，也就是在冰水中可以进行有效运动的平均时间，努力游到仍然可以支撑自身体重的冰面上。注意不要站起来，而是爬到安全地带。如果无法游到冰面上，至少在冰面上游远一些，把头露出水面，冻结于此。也许会及时被人发现。

智者箴言

在很多情况下，厚的都比薄的好。

126 中暑

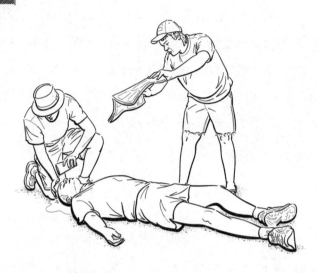

　　如果人体产生热量的速度比释放热量的速度快（见"128低温症"），大脑会被烧坏，这便是人们中暑的最终结果。保证人体内的水分充足是保持身体温度稳定的最佳方案，因此脱水是造成中暑的主要原因。正常情况下，人体通过出汗、小便、大便以及呼吸来排出水分（体内水分流失）。如果适应了高温，在做一些费力的事情时，人体便可以在一小时内排出1.4升水分。但也可以进行剧烈运动，使产生热量的速度快于热量散失的速度，尤其在炎热潮湿的环境中，即便体内的水分充足。

致命的原因

真正中暑时，需要保证人体的核心温度达到40.6℃。在接近这个温度之前，人们可能会感到燥热、疲倦、头痛，甚至头晕和恶心。当达到40.6℃的时候，皮肤会很红，摸起来很暖和。此时，皮肤也可能是干燥的，但在运动性中暑中，人的皮肤通常是湿的，伴有汗水。同时，人的大脑将发生显著变化，使中暑者的行为异于往常。当温度达到41.7℃时，大脑细胞开始迅速死亡，进而导致中暑者身亡。

生存法则

当你感觉又热又累时，及时补充水，找个阴凉的地方休息一下，或者如果附近有水源的话，泡个澡。通常情况下，大脑处于40.6℃高温条件下时，保证全身而退已经非常难了。需要有人脱下中暑者的保暖内衣，喂中暑者大量的水，扇风，按摩，直到体温降下来。然后尽快就医，因为高内热经常导致人体内某些器官衰竭。

智者箴言

不管怎样，保持冷静至关重要。

127 低钠血症

有一个观点扎根于大多数，也可以说是绝大多数户外运动爱好者思维中，那便是：要喝大量的水。不过，这些人中的很大一部分并没有了解到一个关键信息:喝太多水会稀释体内的钙含量，这样会对身体造成伤害，因为人体必须通过钠来维持水分水平(细胞内外)和电解质水平的平衡。同时，人体也需要用钙来保证肌肉和神经系统正常工作。水摄入量过多或钙摄入量过少会导致人体患上低钠血症，也就是"低钠"，严重时足以致命。

当体内钙含量较低时，人们会感觉异常疲倦、不安和暴躁，还会出现虚弱、肌肉抽筋症状。除了头痛、恶心之外，常常伴有呕吐。其他人会难以理解患者的种种状况。但是，所有这些不良反应在癫痫发作进而陷入昏迷等严重后果面前都显得相对温和了。

致命的原因

如果体内水分水平失衡，体内细胞便开始膨胀。人体其他器官发生这种状况已经足够糟糕，如果大脑细胞开始膨胀，脑压就会增大。脑压过大，流向脑细胞的血流量就会减少，当血流量减少幅度过大时，大脑就会停止工作……永远停止工作。

生存法则

是的，要多喝水，但同时一定要保持钠的摄入量。我们可以通过一些咸味零食来保证钠的摄入，比如加盐坚果。将水和含盐饮料混合饮用也很有效果。如果感觉自己可能患上了低钠血症，停止喝水。吃一些咸味零食，好好休息直到感觉已经恢复。

智者箴言

把盐递给我。*

* 原文为 Pass the salt，可翻译为"爱已消失，覆水难收"（俗语）。——译者注

128 低温症

人类通过消化食物在身体内产生生存所需的能量，而热量是一种副产品。如果不通过辐射、蒸发、对流和传导（见"126中暑"）等冷却机制自然地释放热量，那么人体内的血液一天中会沸腾好几次。如果暴露于冷却机制中，即使没有产生更多热量，人体也会持续散热，核心体温(通常约为37℃)会开始下降。在医学上，核心体温降至35℃被称为低温症。

尽管医学上将低温症描述为核心体温达到或低于35℃，但通常，在核心体温低至这一临界点之前，人体就已经出现了一些症状。首先是精神敏度丧失，人会变傻，具体表现为：下雨时不穿雨具，饿了不吃东西，明知需要多喝水却不喝，天黑后看不到路也不停下来扎营。另外，低温症患者可能会在精细运动方面存在障碍，比如拉上皮大衣的拉链。当核心体温低至35℃左右时，人们会开始颤抖，而且越来越严重，并在大肌肉运动时遇到困难，比如走路，因此不得不坐下或躺下休息，然而身体会继续向周围环境散热。

致命的原因

等到耗尽了能量，颤抖会突然间停止，因为低温症患者体内已经没有足够的能量支撑颤抖。接下来，心跳频率和呼吸频率会越来越慢，肌肉开始变得僵硬。此时的低温症患者已经没有什么感觉了。据一些被救治过来的低温症患者描述，在他们意识渐渐模糊之际，整个身体会感觉到舒适、温暖和困倦。如果不采取有效措施，此刻的低温症患者将会失去意识，并在这种深度低温状态下存活数小时，但不久之后心脏便会停止跳动。

生存法则

在可能导致患上低温症的环境中穿着合适的衣服，既能保暖，又能有效地吸走皮肤上的水分。经常饮水以保持体内水分充足（足够的水可以保证尿液清澈），同时，定期进食为身体提供源源不断的能量。调整自己的运动节奏，防止过度疲劳或出汗过量。如果感觉身体有低温迹象，停下来，擦干身体，取暖。

智者箴言

智慧只是表象，愚蠢却深入骨髓。

129 闪电

当温暖潮湿的空气急速升至高空后，很容易形成充满静电的乌云。负电荷在云层底部聚集，正电荷在云层顶部和云层之下地面上聚集。当正负电荷之间的电势差大于空气绝缘能力时，便会形成闪电以平衡这一电势差。此时形成的直流电，电压可以达到2亿伏特，电流高达30万安培，产生的温度约为8000℃。

闪电平均每天约划破长空800万次，大约每秒100次，这是一个惊人的数字，但人类很少能够看到。闪电从地面击向云底，从云底击向云端，当然也从云底击向地面。

致命的原因

闪电有5种方式可以致命：（1）被闪电直接击中，顷刻便会被击穿。（2）闪电可以经由人们身边的大树"飞溅"到受害者，使人心脏和呼吸骤停。（3）被闪电攻击的地面附近产生的强大电流会进入人体。（4）发生闪电时，受害者经常会在不经意间触碰到长导体，比如导电的栅栏，此时地面上的电流会通过导体进入体内对心肺系统造成严重伤害。（5）周围爆炸产生的气流将人推飞，然后与石头或树干发生撞击，导致死亡。

生存法则

避免成为避雷针。不要成为周围环境的制高点，比如山顶或开阔的山脊、大片水域边缘，以及开阔田野的中央。

在户外遭遇暴风雨时，选择在一片高度一致的树林(不接触树木)中或在低矮、起伏的山丘上铺上绝缘材料，蹲在上面，双臂环抱双腿。如果正在车里，待在那里不要下车，记得摇起车窗。

智者箴言

和比自己高很多的人一起徒步，但不要靠得太近。

130 流沙

　　在地球上的任何地方，只要发现一片松软低垂的沙子，并且始终湿润，那么你看到的可能就是流沙。通常位于池塘或湖泊的浅水区底部，或者被诸如干沙或树叶之类的碎片所覆盖，在这两种情况下，流沙实际上是被天然隐藏了。沙子太松，无法支撑人的身体，一旦身体部分下沉，由于沙层太厚，像肥料一样黏稠，人便很难摆脱出来。有些流沙流得很快，有些流得很慢。无论遭遇哪种，只要流沙沙层厚度比人的身高大，都会让人窒息而亡。

致命的原因

一旦头沉入沙子里，人们一定会尽全力屏住呼吸，直到坚持不住后吸入沙子，之后会失去意识，几分钟后大脑死亡。如果幸运的是沙层没有那么厚，头部得以露出地面，那么受害者便不得不立在那里，最终可能会因为无法呼吸、饥饿或者口渴而死。

生存法则

一旦陷进流沙中(最快的除外)，可以立即平躺身体，浮在沙面上，并轻轻地游至流沙边缘，然后爬出来。但一定注意，所有的动作都要缓慢进行，因为剧烈地晃动会大大提高人体的下沉速度。

智者箴言

永远不要做超出自己能力范围的事。*

* 原文为 Never get in over your head，直译为永远不要超过头，用于调侃流沙层过厚可以将人头部埋没的事实。——译者注

131 饥饿

　　首先说一个严重的问题：联合国调查统计数据显示，全球每天大约有21 000人死于饥饿。而这个群体绝大多数是儿童，其中，最受影响的年龄组包括5岁及以下的儿童。顺便说一下，在美国，每天因饥饿而死的人数几乎为零。的确，很多美国人都是带着饥饿感进入梦乡，但这不足以饿死人。饥民共同的特点是，他们体内没有可供消耗的足够的热量来维持生命所需。如果这个问题不解决，那么人最终会因饥饿而亡。

　　人们死于饥饿通常需要很长时间。多久呢？4—6周的一般标准不适用于所有情况。如果开始时个体体形大，身体非常健康，那么他可能坚持12周。当然，也有一些人能坚持更久。

　　如果有人在荒野中迷失，身上没有食物，也不知道哪些野生食材是安全的，尤其是在无法寻求别人帮助的情况下，时间久了，饿死是大概率事件。

致命的原因

　　没有食物摄入，人的身体便会开始吞噬自己，如果人不能吃除了自己以外的东西，那就只能坐以待毙了。身体内的脂肪最先被消耗，一旦脂肪消耗殆尽，蛋白质便是下一个目标，因此不久之后，肌肉便消失了。人的心脏实际上是一块肌肉，支撑时间最长，但最终也会停止工作。有过这个经历的人会深有体会，整个过程伴随着疼痛。

生存法则

吃一些自身以外的东西。

智者箴言

光有精神食粮是远远不够的。

132 溺水

为什么美国每年都会有超过9000人死于溺水？我们也许能从以下几个方面发现端倪：（1）很多溺亡者都不会游泳。（2）大多数溺亡者没有佩戴个人漂浮装置。（3）溺亡者中有一些人是急流桨手，他们可能没有戴头盔，结果在下落时撞到了头；或者他们戴着头盔，却在下落时撞上了石头。（4）至少有一项研究得出结论，超过一半的溺亡者体内含有酒精或其他能够改变思维的物质。（5）大量由溺水事件酿成的悲剧是由人体核心体温下降或浸在冷水中丧失协调性导致的。（6）在溺亡者中，男性远远多于女性。其中，在与划船相关的溺水事故中，男性与女性的比例为12∶1。

致命的原因

那些溺亡者在溺水过程中都会经历相似的过程。落水后，人们都会尽力屏住呼吸，感到恐慌并奋力挣扎。同时，心跳加速，血压升高，常常因控制不住而呛水，进而导致呕吐。求生欲望下，呼吸难以抑制，不由自主地喝了很多水。之后，因为氧气摄入不足导致窒息，并丧失意识。最后，呼吸停止，心脏骤停。

生存法则

为了避免死亡，落水后一定要保持平静。如果将一个溺水者成功拉上岸，而这时他（她）已经没了呼吸，要即刻进行抢救，在心跳停止的情况下进行心肺复苏。

智者箴言

把头露出水面是很有意义的。*

* 原文 There is much value in keeping your head above water, keep one's head above water 为俚语，有两个意思：一是指把头放在水面之上，二是指勉强维持生计。此处为一语双关。——译者注

133 龙卷风

　　雷暴和冰雹常由龙卷风引起，归为"局部严重风暴"。局部严重风暴通常伴有强风，但龙卷风更强烈，螺旋向内或向上旋转，形成一个具有难以置信力量的旋涡。旋涡的底部(漏斗形)宽几米至几百米，就像一架喷气机呼啸而过，从几米上升到1.6千米高。旋涡的顶部主要汇聚着大量水滴，底部则是尘土，以及被风吸进来的其他东西。龙卷风在美国发生的频率最高，破坏力最强，主要在春季和夏季盛行。一场龙卷风可以将1.6千米宽、1600千米长的乡村狭长地带夷为平地。它们可以卷起一辆满载货物的卡车，然后肆意丢进办公楼里。它们还可以轻而易举地撕碎一座房子，并毫不费力地把一个小女孩和她的狗从堪萨斯州带到奥兹国。

致命的原因

如果一个人在户外遭遇龙卷风，那么他很可能会在龙卷风卷起诸如木板、砖块、树枝、奶牛、小型汽车等任何东西形成的枪林弹雨中成为靶子。同时，龙卷风也会将人卷起，形成高速旋转的导弹，人在撞到地面或任何路径上的其他物件后死于非命。

生存法则

龙卷风来袭时，待在房子里不要出来，远离所有窗户，躲进地下室(如果有的话)或中间房间。如果正在驾车，赶紧驶离旋涡，千万不要待在车里等龙卷风结束。找一座建筑躲进去，或者找一处沟渠、低处作为避难所。如果被困于空旷区，脸朝下，尽可能平躺在地面上，用双臂和双手盖住头部和颈部。

智者箴言

为平淡生活增加一个新的变数（转折）可能是危险的。

134 树倒

现在，我们可以夸耀地球这个星球上大约有3万亿棵树。这个数量看起来好像很惊人，但实际上，就在10 000—12 000年之前，当时树的数量是现在的两倍以上。即便如此，就算目前地球上树木繁茂，但平均每个人仅有400棵树。树并不危险，可以这样认为吧？它们只是立在那里提供遮阴，或者作为燃烧原料，有时还会提供水果。除此之外，每一年大概都会发生几百次，一根大树枝或一整棵树砸在某些人头上，造成伤亡。

你可能会说，大块的木头"突然"掉落，砸在露营地、帐篷、野餐桌上，甚至砸在移动的生物体身上，比如徒步旅行者。大风往往是罪魁祸首，但并非总是如此。有时候由于伐木工人失误，树就会朝错误的方向倒下，就好像树在复仇一样。

致命的原因

一个庞然重物会压碎人的某些重要器官，没了这些重要器官，人便无法生还。

生存法则

　　注意观察。在树林中走路时不要磨磨蹭蹭，特别是在风很大的情况下，枯枝掉下来可能会砸到你。

智者箴言

你不太可能看到一首像树一样致命的诗。*

* 原文 You will not likely ever see a poem as deadly as a tree, a poem as deadly as a tree 源自美国诗人乔伊斯·基尔默（Joyce Kilmer）的诗 *Trees* 中 I think that I shall never see A poem lovely as a tree 一句。——译者注

135 海啸

　　*Tsunami*在日语中的意思是"港口的波浪"，而英语中的海啸通常称为潮汐波，但这些极具破坏性的海水涌动却与潮汐毫无关系。海啸通常由海底地质断层移动引起的地震引发，也可能由海底火山爆发、巨大的海底滑坡或陆地进入水中的山体滑坡引发。海啸波不是一个单独的波，而是一系列的波，有时超过10个。普通海浪波的波速可达96千米/时，而海啸波的波速可接近805千米/时。普通海浪波的波长约为275米，但海啸波的波长可长达145千米。

虽然海啸波在海上穿过船底时一般不会被人们发现，但临近海岸时，波速会减慢，波高随之增加。危险迫在眉睫的第一个迹象通常是海水突然冲出海岸，裸露出一长段海底，上面无数鱼儿无助地扑腾着。然后，汹涌澎湃的水流奔向陆地，像一堵高墙。巨量海水很快冲出之前的界限，并继续向内陆袭来。1958年，在阿拉斯加的利图亚湾，一场创纪录的海啸高出高水位线530米，冲向内陆1097米，高于平均高潮线。

致命的原因

人们不仅仅会在室外被海啸夺去生命。海啸形成的巨浪会让人浮浮沉沉，晕头转向。内陆的洪水会将沿途夷为平地，人一旦被卷入其中，难逃溺亡的厄运。即便幸运地躲过此劫，在巨浪肆无忌惮地退回大海之时，内陆上的一切会被无法抗拒地吸入海底。

生存法则

不幸的是，海啸经常不期而至。如果发现海水突然间急速退去，要尽可能快地跑到高地，或者，跑到附近高层建筑的最高层。

智者箴言

永远不要在距离海边不足1097米的地方扎营。

136 火山喷发

　　地球上每一天中的每一时刻，每10个人中就会有一个人生活在可能被一场火山喷发袭击到的地方。目前，世界上大约有600座活火山，另有数千座火山暂时处于"休眠"状态，这意味着它们随时都可能被激活。

　　火山是从地球内部巨大的熔岩储层通向地表的喷口或"烟囱"。当气体在火山下面聚集到一定程度必须要找到出口时，由于比周围坚硬的岩石软，熔岩便开始变形。接下来，火山喷发，熔岩四溢。很多人认为熔岩是造成人员伤亡的最主要原因，事实并非如此。事实上，熔岩流动的速度很慢，绝大多数人都可以跑赢它而顺利逃生。但是，火山喷发确实有很多方式给人类带来致命伤害。

致命的原因

火山喷发的致命处有四点：（1）落下的火山灰会将人掩埋，如果恰巧赶上下雨，那么问题会更加严重。火山灰遇水会变得更重。（2）由火山灰和炽热的熔岩碎片组成的火山碎屑流紧贴地面横扫而过，这是一股速度极快的火焰洪流，含有能蒸发其路径上所有东西的强大力量。（3）火山灰和熔岩碎片聚集在火山顶部附近，如果被降雨或融雪润湿，它们就会变为稠度类似于湿混凝土的物质。研究显示，如果这些物质开始滑落，会覆盖周围96千米远，吞噬流线上的所有东西。（4）即使火山没有爆发，二氧化碳和其他有害气体等火山气体也会不可避免地从火山口逸出，这些气体会沉积在低洼处，如果人类进入便会窒息而亡。

生存法则

成为10个人中那9个不在火山喷发周围之人的其中一人。

智者箴言

你要是忍受不了热，就离烟囱远点。*

*原文 chimney 翻译为烟囱，在此暗指火山口。——译者注。

137 森林火灾

　　大的，有时是巨大的，涉及失控火焰区域的森林火灾，早在人类出现之前，就已经是这个星球自然历史的一部分，甚至在更聪明的人类远离它们之前。根据对森林火灾的科学研究(这是一个相对较新的研究领域)，专家们将这类火灾划分为三类：地下火、地表火和树冠火。

　　地下火会烧毁草地和其他低洼的植被；地表火会烧毁草地、低洼植被和树干；树冠火会沿着树干一路向上，到达树冠(顶部)，然后在森林顶部肆虐。这三类森林火灾中，树冠火最具破坏力，同时，危害最大。

当然，在燃料充足的地方，森林火灾的强度最大。另外，森林火灾向上坡蔓延时火势发展很快，相反，向下坡蔓延时火势发展很慢。然而，它们受风的影响较大。大风能在极短的时间内将小火演化成大火。

致命的原因

遭遇森林火灾会发生什么？人们会恐惧不断蹿起的火焰，但周围的空气热浪会烧伤肺部，或者使人无法呼吸，而这足以在大火点燃人体前将人杀死。

生存法则

一旦身陷森林火灾之中，火势蔓延的速度要快于人类奔跑逃生的速度。沙子、砾石和岩石可以起到一定的保护作用，但最好的办法是找到一个潮湿的地方，比如沼泽，躺下，寻找有凉爽空气的地方呼吸。或者更好的是，找一个湖泊或河流，在那里踩水，直到危险过去。

智者箴言

与其苟延残喘，不如从容燃烧。

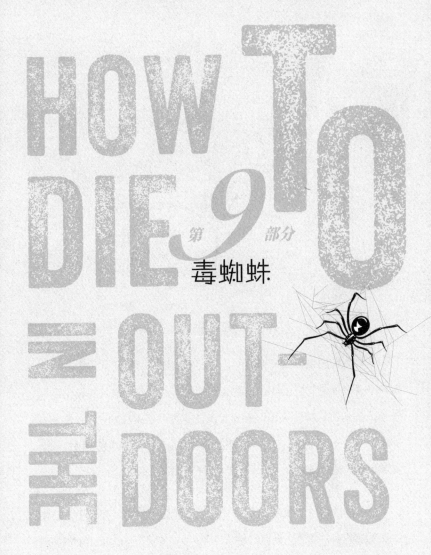

HOW TO DIE IN THE OUT-DOORS

第 *9* 部分

毒蜘蛛

　　无论你正坐着、站着或躺着，此时此刻，毫无疑问，一只蜘蛛就藏在离你几步远的地方，当然很有可能就几米远。蜘蛛主宰着无脊椎食肉动物世界，它们是天生的适应大师，从珠穆朗玛峰到海平面以下炎热的沙漠，蜘蛛的身影无处不在。目前，人们了解的蜘蛛种类不少于36 000种，分属于105个科、3000个属，动物学家确信至少还有36 000种蜘蛛有待人类认知。

138 黑寡妇

　　几乎所有的蜘蛛都是有毒的。它们啃咬猎物时毒牙分泌毒液，以麻痹并杀死通常比它们体形还要大的猎物。很少有蜘蛛长着长到足以咬死人类的毒牙或分泌足以毒死人类的毒液。但黑寡妇(*Latrodectus mactans*)是一个例外，它是值得注意的危险物种。黑寡妇是美国最具潜在致命性的毒蜘蛛。

　　在美国的48个州和夏威夷都有雌性黑寡妇的身影，但似乎更多集中在南部的乡村地区。黑寡妇是一种体形小、外形闪亮、黑色的8条腿生物，在最大的身体部位下方有一个明亮的标记，通常呈红色的沙漏形状。黑寡妇天生喜欢吃昆虫，所以喜欢在昆虫多的地方织网，比如室外旱厕。据报道，历史上有一段时间，88%的黑寡妇咬人案例都是咬伤了男性悬垂的睾丸。

黑寡妇天性腼腆、胆小，一般不会主动攻击人类，只有在人们无意间触碰了蜘蛛网惊扰到它们或者光着脚不小心踩到它们时，它们才会反击。黑寡妇无法真正意义上咬人，只会用尖牙刺破皮肤，毒液流进它们细长、中空的尖牙里。尽管黑寡妇身上的毒素是世界上最强的毒素之一，但由于量少，很少会导致人类死亡。

致命的原因

被黑寡妇咬到后起初几乎感觉不到疼痛，之后，肌肉痉挛般的极度痛苦会从伤口处蔓延至腹部、后背，甚至四肢。伤者可能会极度虚弱、大量出汗、发热、心跳加速、流口水以及呕吐。8—12小时后，症状会有所缓解。然而，如果运气欠佳，伤者的呼吸肌会逐渐变弱，以至于无法呼吸。

生存法则

赶紧就医。如果真的危及了生命，注射抗蛇毒血清。另外，需要服用强效止痛药。

智者箴言

如厕时一定多多观察四周。

139 褐寡妇

褐寡妇(*Latrodectus geometricus*)又称几何寇蛛，是黑寡妇的近亲，与黑寡妇有一些相似的家族特征，但并非全部。褐寡妇身体部位下方也有一个明亮的沙漏形状的标记，与黑寡妇呈红色不同，褐寡妇的这个标记呈橙色或黄色。褐寡妇体形同样较小，身体为棕色、棕褐色或带斑点的灰色，黑白相间的几何形图像装饰着后背，这便是几何寇蛛名字的由来。最初，褐寡妇属于非洲移民，后来流落至佛罗里达，如今在墨西哥湾沿岸各州、南加州，以及西部其他一些州四处游荡。似乎褐寡妇的足迹有到处蔓延的趋势，当褐寡妇和黑寡妇不期而遇时，通常是黑寡妇悄然隐退。和黑寡妇一样，褐寡妇也身含剧毒。

致命的原因

尽管褐寡妇的毒液毒性很强，但人们对被黑寡妇咬伤（见"138黑寡妇"）的关注度更高。究其原因，褐寡妇咬人时分泌的毒液量极少，这些毒素通常只在伤口处及周围发挥毒效。然而，人类被褐寡妇咬伤致死事件是有记录可查的。如果有人死于褐寡妇咬伤，那么他生命最后几小时的境遇与被黑寡妇咬伤致死的人境遇类似。

生存法则

被褐寡妇咬伤后无法起身? 赶紧就医。注射抗蛇毒血清也势在必行。

不是所有大同小异的事物都应当被放置在一起。

140

悉尼漏斗网蜘蛛

悉尼漏斗网蜘蛛(*Atrax robustus*)是澳大利亚漏斗网蜘蛛的一个种，是狼蛛的近亲，这种蜘蛛体形很大且极具攻击性。与狼蛛毒液毒性对人类相对温和不同，悉尼漏斗网蜘蛛的毒液杀伤力极强，足以把人类毒翻在地。这种蜘蛛的顶部呈光滑的黑色，底部为天鹅绒般的黑色。仔细观察它们的臀部可能会发现一些红色的毛发，但如果你靠得足够近，也就值得被咬上一口。对于悉尼漏斗网蜘蛛而言，雌性体形大于雄性，前者可以长到5厘米宽。是的，它们会在原木、岩石、树桩和茂密的植被下建造漏斗状的巢穴。同所有种类的狼蛛类蜘蛛一样，悉尼漏斗网蜘蛛长着垂直下垂的尖牙，为了利用这个特征，它们发动攻击时后腿会直立起来，像蛇一样。它们的尖牙长4—6毫米，强度足以刺穿人类的手指甲或脚指甲，所以，一旦被这种蜘蛛咬住，想把它们从身上移除就显得困难重重了。

致命的原因

被这种蜘蛛咬伤后，伤者会感到一阵剧痛，一方面是被咬的力度，另一方面是毒液的作用。20分钟内，这种疼痛感就会遍布全身。再过5分钟，伤者将会血压飙升，心跳加速，体温升高。两小时内，伤者会大汗淋漓，口水直流，同时伴有腹泻以及不受控制的运动障碍。大约就在这个时刻，伤者要么开始恢复，要么其肺和心脏逐渐停止工作。

生存法则

用弹性绷带包扎好被咬伤的手臂或腿，并将肢体用夹板固定。尽可能保持冷静和静止，等待被送往医院，届时注射抗蛇毒血清。

智者箴言

你可能认为是漏斗，其实是你在开玩笑。

141

隐士蜘蛛

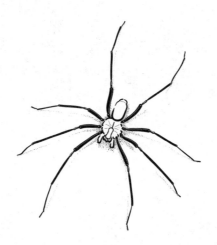

    隐士蜘蛛（*Loxosceles reclusa*及近亲）又叫褐色蜘蛛，有时也被称为小提琴形蜘蛛，颜色呈浅棕色至深棕色，可以长至2.5厘米或稍宽，腿长，顶部呈黑色的小提琴状，其颈部伸向尾部。它们常见于美国南部各州和密西西比河流域上游，目前其踪迹正在向美国其他各地蔓延。作为相当国际化的生物，它们在人类的家中自由自在。床底下、壁橱后，以及在人们一年多没穿的旧衣服的袖子和裤腿里，它们都可以安营扎寨。如果有人对被隐士蜘蛛咬这件事心存好奇，那么大可放心，这种蜘蛛也经常出没于户外，喜欢躲在灌木丛、啮齿动物老旧的巢穴以及原木下。它们不依靠蜘蛛网，在夜间捕食，跟踪猎物，这便是它们咬人的时刻。被隐士蜘蛛咬伤后，刺痛感一般即刻传来，也有伤者最初无痛感的情况发生。6—8小时后，刺痛感开始消失，取而代之的是被叮咬处的疼痛和瘙痒，同时伤口变红，周围变白。发热、发冷、虚弱、恶心和呕吐可能会在接下来的一两天里如影随形。大约24小时后，伤口处会形成一个透明的充血气泡，然后结痂，之后痂会脱落，留下一个类似于三度烧伤的严重伤口。想让这个伤口愈合极其不易。

致命的原因

有两种情况会导致伤者死亡：（1）伤口处的感染遍布全身。（2）毒液可能会扰乱人体的正常功能，导致死亡，尽管这种情况很少发生。无论哪种情况，被隐士蜘蛛咬伤致死都会被归为低概率死亡事件。

生存法则

隐士蜘蛛一般不咬人，因为它们不会把人当成食物。但是，当有人光着脚碰到了它们，或者在它们爬过人们熟睡的身体时被无意间掀翻，或者人们将手伸入它们隐藏的角落里，它们就会发起攻击。如果被这种蜘蛛咬了，寻求医生帮助，一般情况下都不会有生命危险。

智者箴言

不要乱碰危险的东西。

142

巴西流浪蜘蛛

　　如果被问到，有时如果没有被问到，许多蜘蛛专家都会告诉你，巴西流浪蜘蛛（*Phoneutria nigriventer*）的毒液是所有蛛形纲动物中最危险的。在希腊语中，*Phoneutria*意为女杀手。*Phoneutria*属的成员身长可达5厘米，另有接近15厘米的惊人腿跨度。前腿中的第二对腿是多毛的，通常，第一对腿上会有一条或多条深色条纹，背部也有一条深色条纹。如果感兴趣，你可以在南美洲的热带地区找到它们，其中有一个种在中美洲四处游荡。"流浪"是它们的名字，也是它们的游戏。它们不结网，也不会宅在发霉的巢穴里。通常，它们在夜晚间的丛林里肆意游荡、捕食，青蛙、蜥蜴和小动物都是它们的目标对象。当感受到威胁时，它们会变得面目可憎——高高站起，抬起前腿，左右摇摆。它们可不会虚张声势。

致命的原因

　　坏消息是，通过巴西流浪蜘蛛的毒牙分泌出的毒液，其危害性大约是黑寡妇毒液的两倍（见"138黑寡妇"）。好消息是，对人类大约三分之二的咬伤都不含毒液，因为巴西流浪蜘蛛不想把珍贵的毒液浪费在大型的没法吃的生物身上。如果成为那倒霉的三分之一，那么伤者不得不经历由巴西流浪蜘蛛分泌的神经毒素带来的剧烈疼痛。如果倒霉透顶,伤者会丧失肌肉控制能力,包括呼吸肌,进而窒息而亡。

生存法则

抗蛇毒血清非常有效,赶紧注射。

智者箴言

不是所有的流浪者都迷路了。

HOW TO DIE IN THE OUT-DOORS

第**10**部分

命运
变化无常

　　的确，最后一部分内容有些做作。蝎子配得上蛛形纲动物（八条腿），但它没有冠以蜘蛛之名，所以没有出现在上一部分内容中。蜈蚣长了太多条腿，所以声称本书放不下它。从有毒植物中提取出来的箭毒，需要注射入生物体内才会发挥毒效，因此它没有被收录于第6部分中。要么把这些可危害人们生命的潜在威胁归入其他部分，要么单独将它们汇总，本书选择了后者。

143 | 蜈蚣

　　长着100只脚的蜈蚣和长着1000只脚的千足虫有两处不同。第一处不同：蜈蚣大约有3000种，每一节身体都长着一对脚（不总是100只脚），而千足虫大约有6500种，每一节身体都长着两对脚（顺便说一下，千足虫的脚大约有200只，远远少于1000只）。第二处不同：蜈蚣是食肉动物，而千足虫是素食者。蜈蚣用锐利的钩状前脚钳住猎物，经由钩端称为腭牙的毒腺口将毒液注入猎物体内。

致命的原因

　　被蜈蚣叮咬后会很疼。如果肇事者是生活在美国西南部的北美巨人蜈蚣（*Scolopendra heros*），一种1.8—2.4米长的巨型蜈蚣，疼痛会异常剧烈，毒液会导致严重的并发症，如头晕、恶心、虚脱，伤口附近可能会出现大面积肿胀，伤者运动能力丧失，甚至肌肉组织坏死。到目前为止，几乎没有这种蜈蚣致人死亡事件发生。

　　但在亚洲热带地区，有些蜈蚣可以长到0.3米长，经常以小鸟和老鼠为食。虽然关于生活在热带地区的蜈蚣资料匮乏，但有报告指出：被印度和缅甸蜈蚣叮咬后，伤者经常需要卧床3个多月才能康复；在斯里兰卡，生活在那里的蜈蚣导致过人类死亡；被马来西亚当地的蜈蚣叮咬后，伤者的疼痛感甚至会强于被一些致命毒蛇咬伤。

生存法则

如果被北美巨人蜈蚣叮咬，伤者可能不会丧命，但急需强效止痛药。如果叮咬人的是一种热带蜈蚣，那就需要伤者自求多福了。

智者箴言

永远不要相信比你和你高中生物课上所有同学加起来的脚还要多的家伙。

144 窒息

当我们吞咽食物时，食物滑下食管，食管在不工作时平躺在气管后面。吞咽时，位于舌头底部的一块肉，即会厌，会覆盖住气管，以促进食物进入食管。然而，食物(如冻干的春面可以)有时候会卡在喉咙后部(咽部)，即气管起始处的声腔（喉部），甚至气管的更深处。到达喉咙的食物通常会因为喉部痉挛而卡在那里，此时的喉部肌肉会收缩以防止食物进入肺部。如果进食时狼吞虎咽，咀嚼不完全，或者边吃东西边说话，又或者饭前饭后喝几杯威士忌，都能导致被食物噎住，进而窒息。另外，儿童有时会被小玩具噎住。

致命的原因

　　窒息可能是局部的，人还能喘息，呼吸一点儿空气。窒息也可能是完全的，此时人无法呼吸，脸色变紫，时常紧掐喉咙，急切离开人群，导致窒息身亡。

生存法则

　　卡在喉咙里的异物可以由站在被噎者身后的人帮忙清除。他（她）两手臂环绕被噎者腰部，一只手握拳，将拇指一侧放置于被噎者肚脐上方两横指处，另一只手握住拳头，快速向上冲击压迫被噎者腹部。施救者可能需要重复该动作几次才能帮助被噎者将异物排出。这种方法叫作海姆立克急救法。被噎者也可以使用椅背或树桩代替人手来进行腹部按压，这样虽然可能造成内伤，但总好过因此丧命。

智者箴言

　　一定要嚼烂食物。

145 箭毒

南美箭毒树（*Strychnos toxifera*），一提到这个名字就会让人对箭毒的致命性有所了解，这是地球上最致命的有毒植物之一。虽然整体吞下可能无害，但这种生活在中美洲、南美洲北部的藤蔓植物所有部位都分泌出一种黑色、芳香的树脂性黏稠物，如果被注射到人体内，通常会带来致命后果。生活在奥里诺科河流域的印第安人将这种有毒物作为箭毒涂抹在箭头和飞镖上猎杀猎物。理论上说，如果把这种箭毒涂在伤口上也会导致死亡，但时间会很长。现代医学将其调制成可用于肺部手术的药剂，要求剂量十分精准，使病人昏迷，以便在整个手术过程中佩戴呼吸器。

致命的原因

箭毒一旦进入人体，便开始发挥毒效，首先麻痹眼睑，接着麻痹整张脸。数秒钟后，中毒者便无法吞咽甚至无法抬起头。不久，中毒者隔膜无法正常工作，呼吸变得极度困难，脉搏就像从悬崖上掉落的岩石，急速下降。中毒者的身体会变成可怕的蓝色，而试图呼吸时的剧烈扭曲很快就会停止。围绕死亡的一系列症状发生得如此之快，以至于解药，即使存在，也没有时间起效。

生存法则

　　如果有人可以对中毒者持续进行人工呼吸，而且时间足够长，可能会给中毒者的身体一定时间来应对有毒物质。至少在理论上，中毒者有生还可能。

智者箴言

永远不要侵犯奥里诺科河。

146 枪击

在美国，这有一个好消息：在室外被枪击致死的概率逐渐降低。当然，只有当你不想在室外死于枪击时，这才是好消息。子弹击中人体所造成的伤害，无论是否致命，都取决于几个因素，包括子弹的口径大小、速度和击中伤者的位置。现代子弹通常会射穿伤者，在射入处刺穿一个小洞，在穿出处留下一个大洞，这取决于子弹的口径和速度。口径再小的子弹射入人体时也会翻滚或碎裂，然后在穿出人体处炸出一大块血肉。在某些情况下，如果真正激怒了错误的人，你很可能会被枪杀。

致命的原因

如果被子弹击中重要部位，比如头部和心脏，伤者会即刻毙命。如果子弹射中肺部，肺会被撕裂，伤者的呼吸能力会慢慢或即刻丧失，进而死亡。鉴于与重要器官大小相比，一个人整个身体相对较大，因此，避开身体重要器官，被枪击后伤者存活的概率较大，但被子弹射穿后身体上会留下的洞，伤者可能会死于流血过多。

生存法则

如果伤者还活着，至少暂时还活着，需要有人直接按压伤者身上的洞，直至不再出血，然后赶紧就医。另外，在狩猎季节一定要穿亮橙色衣服。

智者箴言

人们担心的大部分事情都不会发生。

147 蠕虫

蠕虫是一种寄生在人体内的蠕虫状寄生虫。它们广泛分布在世界各地，主要分布在热带和亚热带国家，据估计，大约三分之一地球人的肠道中都有它们的存在。由于大多数肠道蠕虫种类繁多（见"116 旋毛虫病"），在人体内不会繁殖，所以某人可能正在为几条绳状蠕虫提供长期的栖息地，他自己却并不知道。显然，不是每个人都会死于蠕虫感染，但每年都会有数千人因此而死，主要是欠发达国家地区的儿童。

在不知情的情况下吃了被某些蠕虫感染的肉或蔬菜时，人们可能会吞下这些蠕虫的卵，随后，这些卵会在人体内孵化。同时，如果人的手指在无意间触碰到了虫卵，也可能会因为吮吸手指而将虫卵送入自己体内。另外，被昆虫叮咬后，如果这个昆虫恰巧身上携带着蠕虫，那么这些蠕虫很可能会通过伤口蠕进人体。

包括绦虫、鞭虫和钩虫在内的众多种类的蛔虫是世界上最常见的蠕虫，每4个人中就有一个人体内有蛔虫寄生，包括数以百万计的美国人，同样，大多数是儿童，他们感染了最常见的蛔虫——蛲虫。

致命的原因

通常会发生这样的事：蠕虫卵在人体小肠内孵化后，幼虫穿过黏膜进入血液，最终进入肺部，在那里它们接着穿过肺泡，蠕动到气管，在那里会被人第二次吞下，回到人的肠道内。一些蠕虫会在人的肠道里愉快地度过它们的一生，有的蠕虫可以长到0.3米长甚至更长，在肠道内交配、产卵，之后，虫卵通过粪便排出人体。这些蠕虫会干扰人正常的肠道活动，因此人们会越来越疲惫。之后，胃开始疼痛，接着便会腹泻。一段时间后，人们会死于无法吸收营养。

生存法则

冷冻和彻底煮熟食物都能杀死蠕虫。如果被蠕虫入侵了，服用对症的药可以杀死它们。

智者箴言

食用鸡蛋适量是值得的。*

* 原文为 It pays to not get too eggs-cited，egg 有鸡蛋和虫卵的意思。——译者注

148 水蛭

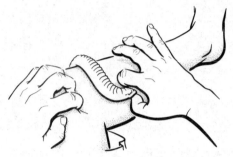

　　水蛭和蚯蚓同属于环节动物，大约有650种，它们的颜色、形状和大小各不相同，但都是蠕虫状的、会游泳的、黏糊糊的、吸血的生命形式。幸运的是，只有大约10%种类的水蛭能咬穿人类的皮肤。在这些水蛭中，体形最大的是神秘的巨型水蛭（*Haementeria ghilianii*），有动物学家在几年前的法属圭亚那沼泽地中对它进行过专门研究。外表酷似绿棕色的黏稠物，巨型水蛭能长到0.46米长。一只巨型水蛭吸食人血便可使人头晕目眩，两只巨型水蛭足以使人失血过多而昏厥，三只巨型水蛭可以杀死一个人。但是没有人确切知道细节，因为没有哪个志愿者愿意承受疼痛和献出鲜血。如果有勇士愿意作为实验对象参与研究，其死亡可能对科学研究很有价值。

致命的原因

　　当人类出现在水蛭出没的水域时，它们便会蠕动过来，聚集在一起，用它们噘起的嘴来试探人体。水蛭喜欢温暖的哺乳动物的血液，将其作为食物。如果水蛭确认了猎物对象血液可食，便会用后吸盘附着在猎物皮肤上，用前吸盘内三个锯齿状呈星形图案的颌啃咬皮肤吸血。它们会一直吸血直到体重增加了9倍。小型水蛭只能吸食少量的血液，大型水蛭吸食较多的血液。小型水蛭危害较小，实际上人们根本感觉不到它们正在吸血，而大型水蛭危害就大得多了。生活在东南亚的鼻蛭(*Dinobdella ferox*)是一种小型水蛭，却在世界范围内广为人知。它们喜欢爬上鼻咽(鼻子和喉咙)通道，在哺乳动物（包括人类）的喉咙后面吸血觅食。理论上说，被大量的鼻蛭攻击可以促使人们窒息。当然，没有人确切知道这一点。

生存法则

用指甲拨开水蛭正啃咬皮肤的吸盘，然后用肥皂水清洗伤口。与世界上大多数的吸血生物不同，水蛭几乎不携带可传染给人类的病菌。但是，由于水蛭唾液中含有抗凝剂，使得皮肤上的伤口愈合时间比普通伤口愈合时间长，所以要注意避免伤口感染。

智者箴言

每一时刻都有笨蛋出生。*

* 原文 There's a sucker born every minute，sucker 有笨蛋和吸盘的意思。——译者注

149 | 福氏耐格里变形虫

福氏耐格里变形虫(*Naegleria fowleri*)是一种单细胞原生动物,这种只有在显微镜下才能现出原形的微型生物臭名昭著,它有个令人恐怖的绰号:食脑变形虫。它们喜欢温暖环境,一般在池塘、河流等温暖的淡水中繁殖,尤其钟爱温泉。它们也能在温暖的土壤中存活。如果进入人的鼻子中,它们就会导致人体感染,而直接吞食这种微型生物通常是安全的。从积极的方面来看,每年都有很多人无意间将鼻子暴露于这种食脑变形虫附近,但因此感染的情况很罕见。从消极的方面来看,感染死亡率高达97%。

致命的原因

当福氏耐格里变形虫被吸入人类的鼻腔中后,它会附着在神经组织上,然后以最短的路径进入大脑。即便人体内交通拥挤,它们也会快速到达。虽然它们主要以细菌为食,却会慢慢吞噬人类大脑。大约两周后,患者会开始出现脑膜炎的最初症状:头痛、发热、恶心、呕吐。然后,患者大脑出现问题,时常感到困惑,无法集中注意力,更会丧失平衡感。接下来,癫痫发作,出现幻觉。3周后,患者大脑的绝大部分功能丧失,生命也将无法继续维持下去。

生存法则

在温暖的、未经开发的湖泊和泉水中游泳或泡澡时，千万不要用鼻子吸水。如果你认为吸入了福氏耐格里变形虫，赶紧就医。有一种药，虽然效果不佳，也许能救你一命。

智者箴言

鼻子自知。

150 蝎子

　　在过去的4亿年时间里，蝎子几乎没有什么变化，或者说根本没有发生什么变化。只是在最近的几千年时间里，有更多只脚想踩死它们。蝎子属于蛛形纲动物（与蜘蛛有亲缘关系），仍然用8条腿快速奔跑，用龙虾般的钳子抓住并撕裂猎物，还有一条分5节的"尾巴"，实际上是它们的腹部。蝎子腹部末端长有一个锋利的刺，上面有两个非常小的孔，由两个相对较大的毒腺供毒。蝎子是夜行性独居动物，极具攻击性，对于人类来说有时是致命的。蝎子无处不在，尤其在热带地区以及其他气候温暖区域最常见。初步统计，地球上大概有650种蝎子，在美国大约有40种。据报道，在这些蝎子种类中，只有生活在美国西南部的纤细、雕刻精美、淡黄色的亚利桑那树皮蝎（*Centruroides exilicauda*）有过伤人致死案例，受害者通常为儿童。而在印度，人类被蝎子毒杀的惨剧层出不穷。在那里，恐怖的、危险的、暗黑色的印度黑蝎子

326

（ *Palamneus gravimanus* ）潜伏在每一个角落和缝隙中。蝎子会偷偷溜进人们搭建的帐篷或睡袋里，藏在衣服里、靴子里，以及岩石下、树皮下和树叶下。当蝎子的腹部卷起时，它正准备以闪电般的速度刺人。蝎毒会攻击伤者的神经系统，疼痛感即刻袭来。

致命的原因

当蝎子的毒性发作时，局部的灼痛感会蔓延至腹部，伤者会纯粹因为疼痛而蜷缩起来。伴随皮肤湿冷，伤者会颤抖、大量出汗，并剧烈呕吐数次。接下来，呼吸系统逐渐衰竭，呼吸越来越困难。历经痛苦的12—15个小时之后，随着从口鼻中流出泡沫，伤者将最终蜕下这个凡人的外壳。

生存法则

如果你正身处蝎子王国，注意在黑暗处伸出手脚前一定要仔细观察，早起后抖一抖衣服鞋帽，晚睡时抖一抖睡袋。如果不幸被蝎子蜇伤，冷敷可以缓解疼痛。蝎毒的解毒剂正在研制中，最好不要有以身试毒的念头。

智者箴言

一条尾巴可能不仅仅是一个故事。*

* 原文为 A tail may be more than a tale，tail 和 tale 同音。——译者注